[英] 迈克尔·M. 伍夫森 著

王继延 吴颖康 程靖 戴浩晖 译

人人都来掷骰子

日常生活中的概率与统计

上海科技教育出版社

图书在版编目(CIP)数据

人人都来掷骰子:日常生活中的概率与统计/(英)
迈克尔·M.伍夫森著;王继延等译.—上海:上海科技
教育出版社,2022.3(2022.11重印)
（数学桥丛书）
　书名原文:Everyday Probability and Statistics:
Health,Elections,Gambling and War
　ISBN 978 - 7 - 5428 - 7717 - 8

　Ⅰ.①人… Ⅱ.①迈…②王… Ⅲ.①概率论—普
及读物②数理统计—普及读物 Ⅳ.① 01 - 49

中国版本图书馆 CIP 数据核字(2022)第 026400 号

责任编辑　李　凌　顾巧燕
封面设计　符　劼

数学桥丛书

人人都来掷骰子——日常生活中的概率与统计

[英]迈克尔·M.伍夫森　著

王继延　吴颖康　程　靖　戴浩晖　译

出版发行　上海科技教育出版社有限公司
　　　　　(上海市闵行区号景路 159 弄 A 座 8 楼　邮政编码 201101)
网　　址　www.sste.com　www.ewen.co
经　　销　各地新华书店
印　　刷　启东市人民印刷有限公司
开　　本　720×1000　1/16
印　　张　14.75
版　　次　2022 年 3 月第 1 版
印　　次　2022 年 11 月第 2 次印刷
书　　号　ISBN 978 - 7 - 5428 - 7717 - 8/O·1156
图　　定　09 - 2020 - 1064 号
定　　价　56.00 元

摘　　要

　　概率和统计以各种各样的方式影响着普通百姓的生活——正如本书书名所示。信息常常是确切的，可总是会带有倾向性。本书提供了概率和统计的重要结论，而这并没有对读者施加数学上的重负。它将能使一位有才智的读者恰当地评价统计信息，并且理解同样的信息可以用不同的方式来描述。

序　言

　　曾有那么一段时间,那是19世纪和20世纪的大部分时间,上流社会的人们坚持认为一个"有教养的人"必须精通拉丁文、希腊文和英国古典文学。那些持有如此观点的人,自称是有教养的名流,他们经常十分骄傲地宣称,他们没有能力和数或任何数学概念打交道。情况确是如此,人们现在还记得,曾有那么一位英国的财政大臣,自称他只能借助于火柴棒进行一些有关经济的计算。

　　时代已经发生了变化——现代社会比一个世纪之前的社会更为复杂。人们普遍享有政治选举权,教育更是广泛普及。信息通过报纸、广播、电视和网络,更为广泛地得以传播,人们更为深刻地意识到影响我们日常生活的各种因素。统治者的功绩和不端、长处和短处,从未像现在这样暴露无遗。不可避免地,在多党民主政体下,各党热衷于强调,甚至过分强调自身的长处,以及政敌的不足。

　　在这种影响着教育、健康、治安、社会公益服务,以及日常生活的所有其他方面的声明与反诉的辩论中,统计起着一种支配性的作用。明智地运用统计数据对证实自己的正确性大有益助,然而不幸的是,政治家在演说时所依赖的只是贫乏的统计认识。一位维多利亚和后维多利亚时代的杰出政治家,伦纳德·亨利·考特尼(Leonard Henry Courtney)(1832—1913)在一次关于比例代表制的演讲中,用了这么一个短语:"谎言,弥天大谎和统计数据"①。在这个演讲中,他简洁地概括了统计数据在希望获得政治利益的那些人的手中所起的作用。考特尼知道他在说什么,他是1897—1899 年期间统计协会的会长。

现在给出一个假设的案例——执政党准备扩展一项公共服务。为了吸引更多的人投身这项服务,就必须增加 20% 的薪水,从而增加 20% 的人员。执政党自夸道,他们已经在这项公共服务上投入了大量的资金,增加了 20% 的人员为全国提供服务。而反对党则说,国家的经费用得不值,因为 44% 的附加支出只能增加 20% 的服务。两个政党都没有说谎,他们所说的既不是谎言,更不是弥天大谎。但是他们**都**有所选择地运用统计数据来进行辩论。

为了弄清楚那轰击着社会的大量数字,人们必须理解它们的含义,以及它们是如何产生的,这样才能作出正式决定。你是愿意投入 44% 的附加经费来增加 20% 的服务呢,还是愿意保持原有的服务水平而不投入任何经费?你可以根据你的喜好作出明确的选择,然而这种选择并不能简单地打上"坏"或"好"的标签,因为那仅仅是选择而已。

统计在政治之外的日常生活中也起着作用。许多医疗上的决定取决于统计数据,因为每个人对于药物或手术的反应都会有无法预测的差别。所以采取的治疗手段的依据是使尽可能多的病人取得最好的结果,尽管

---

① 本杰明·迪斯雷利(1804—1881),英国保守党领袖,英国首相(1868、1874—1880),曾说过,世界上有三种谎言:谎言,弥天大谎和统计数据。——译者

这种治疗方法对于某些个别病人来说可能并不最合适。如若使用的资源有限,那么原则上只要那些资源的分配能使最大多数的人们获得最大的利益,就可以认定它们能被人们接受,尽管这可能导致某些人无法得到帮助。政治家和那些运作公共服务的人必须作出这类艰难的决定。所有的选择就本质而言,并不是在好与坏之间——而经常是在坏与更坏之间,一个成熟的社会应该理解这一点。

你是否经常注意到那种声称 10 位牙医中有 9 位极力推荐 X 牌牙膏的广告?这意味着什么?如果这意味着整个国家十分之九的牙医都认可那种牙膏,那真是一个可怕的论断,应该给出更换所使用的牙膏牌子的理由。或许这也可能是意味着,由公司精心挑选的这 10 位牙医中有 9 位推荐这款牙膏,而那位持异议的牙医,也许仅仅是为了使这个广告的论断看上去更为可靠而已。广告制造商擅长给各种不同的商品编造具有迷惑力的广告语,因此对这些广告应带有一些怀疑态度。也许某种消毒液的确能杀死 99% 的细菌,然而剩下的 1% 呢——它们是否会杀死你?

另一个擅长操纵摆布统计数据的是媒体,特别是那些所谓通俗小报——这种报纸用大标题刊登某个流行偶像的通奸行为,而仅给非洲严重饥荒的新闻加上一则小标题,刊登于某个内页。这些报纸在影响公众的观点方面特别有效,他们常常通过巧妙地刊登挑选过的统计数据来影响公众的观点。1992 年英国普选时,当时在英国具有最大发行量的《太阳报》支持保守党,在投票前的几天里,他们在头版刊出不真实的、与内容无相关性的标题,被认为动摇了相当数量的投票者。1997 年,《太阳报》又转向支持工党,而工党后来以充分的优势获得了压倒性的胜利。

在另一个层面上,统计是控制任何类型赌博的一个支配性因素,例如赛马、纸牌、赌球、轮盘赌、掷骰子、(英国)政府发行的有奖债券和国家彩票。在这个领域里,大多数的公众似乎更能理解统计的规则。许多在学校数学成绩平平的成年人在赌博方面获得了惊人的技能,包括对统计应用的直观理解。

作为数学的一个分支,统计学不仅具有广泛的应用,而且包含了相当数量的分支课题。想要完全掌握这门学科,需要只有极少数人才能具备的职业数学家的所有才能。然而,经过一定的努力,理解它的一些主要思想和它们的含义,对于许多人来说还是能够做到的。本书的目的是解释统计是如何影响日常生活的,以至于当某些组织或个人试图蒙蔽公众眼睛时,读者能够得到充分的认识,至少可以经过努力加以察觉。为了理解统计,人们需要学习关于概率论的一些知识,这也是本书内容的一个部分。在当今的 21 世纪,一个有文化修养的人应该理解关于统计的一些问题,否则他可能会被那些熟悉如何运用统计数据来牟取私利的人牵着鼻子走。

许多长时期没有接触正规数学的成年读者,或者正在某个学科努力学习的年轻读者,可能会发现通过解答设在每章最后的问题来测试他们的新知识大有裨益。所有问题的解答都已给出,所以即使读者未能成功地解决这些问题,阅读这些解答,也将有助于增强他的(或她的)理解。

目 录

目录 MULU

第 1 章　概率的本质

可能的不可能性要比不可能的可能性好。

　　　　　　——亚里士多德(Aristotle,公元前 384—公元前 322)

1.1 概率和日常语言

任何一个人的人生经历都会包含一系列由他或她担当主角的事件。其中的某些事件,就像太阳的升起与落下一样,每天都会发生而从不中断。而其他一些事件,如果不是每天发生,有时也依照某种规律经常发生。这些事件我们可能可以预见,也可能无法预见。例如,上班通常是一个频繁而且可预见的事件。但是一些小的意外,如疾病,偶尔会影响我们上班,这时不时会发生,但我们却无法预见它发生的频率和发生的时间。在我们所能及的程度里,我们试图消除生活中我们不欢迎的不确定性,例如确认我们的家不会发生入室盗窃——盗窃其实是相当稀少的事件,尽管公众并非如此认为——或者办理保险,以应对诸如由于疾病或车祸导致失去收益的意外事故。

我们已有了一组在意思上有着细微差别的词汇,其中某些词实际上是同义词,用来表达影响和控制我们生活的各种事件的可能性。这些词汇中的大多数都非常基本,可以相互给出定义。如果我们说某个事情是**确定**的,那么其含义就是这一事件毫无疑问肯定**将**发生;在任何一天,除极地外的所有地区,太阳肯定会落下。我们可以用一个副词来修饰**确定**,例如说某件事**几乎确定**,这意味着这件事仅有非常小的可能性不发生。几乎可以确定明年 1 月的某些天会下雨,因为 1 月和 2 月正是英国一年中多雨的月份。很少有 1 月不下雨的年份,那是气候反常的表现。然而,当我们说某件事件是**很可能的**,或是**有希望的**,那就意味着这件事发生的可能性大于不发生的可能性。8 月经常晴朗炎热,因此那个月内不下雨也很正常。然而 8 月也很可能有点雨,因为大多数的年份里都曾下过雨。

词语**可能的**或**可行的**,仅仅意味某个事件能够发生,而没有任何可能性大小的含义。但在一些语境中,它可以用来表示可能性不是非常大——或意味这个事件未必发生。最后,**不可能**是一个没有任何模棱两可含义的词语;事件在任何环境下都不会发生。对这些词语添加各种修饰词——例如**几乎不可能**——除了极端词:确定和不可能,我们可以得到一整套相互具有重叠含义的词语,但是说到底在它们的使用和解释上都

日 常 生 活 中 的 概 率 与 统 计

人人都来掷骰子

2

带有主观因素。

　　有关事件发生可能性的这些模糊的描述可以应用于日常生活,但显然将它们运用在科学上是不适合的。科学上需要更为客观的、数量上的定义。

1.2 抛掷硬币

我们都熟悉抛掷硬币的动作——在板球比赛中,人们抛掷硬币决定哪个队首先击球;在足球比赛中,由此决定哪个队可以挑选场地然后开始上半场比赛。抛掷一枚硬币,有三种可能的结果,正面朝上、反面朝上或用边缘站立起来。这样的结果缘自一枚硬币的形状,它是一个薄薄的圆盘(图1.1)。

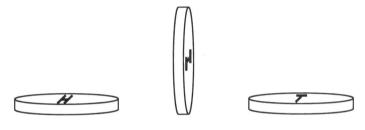

图 1.1　抛掷一枚硬币出现的三种可能结果

然而,硬币的形状包含另一种要素,即对称性。忽略硬币用边缘站立起来的可能性(不太可能,但用概率的一般语言来说,这也是有可能的),我们依据对称性可以推断出正面朝上的概率与反面朝上的概率是一样的。如果我们抛掷一枚硬币100次,每次都正面朝上,那我们就要怀疑出了某些状况——或者那是一枚特制的硬币,两面都是正面,或者这枚硬币严重不均匀,以至于只能朝同一面落下。出于一种对于事物对称性的本能感觉,我们可以预期那两个结果具有相等的概率,所以抛掷硬币100次,最可能出现的结果是,正面朝上50次,反面朝上50次,或者其他相当接近这个结果的情况。由于我们预期出现反面朝上的次数是抛掷总次数的50%,所以我们可以说**反面朝上的概率是1/2**,那是我们预期结果发生的机会的比例。类似地,**正面朝上的概率也是1/2**。我们已经走出了第一步,用数值来描述特定结果发生的可能性,或者说概率。

假设我们重复进行以上抛掷硬币的实验,但是这次抛掷的是一枚特制的硬币,它的两面都是正面。我们每抛掷一次,得到的总是正面;其发生的次数是总次数的100%。现在我们可以说正面朝上的概率是1,因为那是我们预期这个结果发生的机会的比例。一定会得到正面朝上的结果，而这就是概率为 1 所表达的含义。相反，我们获得反面朝上的次数为抛掷硬币总次数的 0% ，即其概率为 0。获得反面朝上的结果是不可能的，而这就是概率为 0 所表达的含义。图 1.2 以图形的方式显示这些概率值。

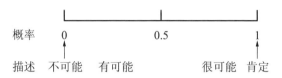

图 1.2　用概念性的词语描述概率的数值范围

图 1.2 显示的概率的范围是完整的。没有一个概率可以大于 1，因为没有一件事可以比确定还确定。类似地，没有一个概率可以小于 0，即为负，因为没有一件事可以比不可能还来得不可能。

现在我们能够以数学形式表达抛掷一枚均匀硬币会出现的各种结果的概率。若分别记正面朝上或反面朝上的概率为 $P_{正}$ 和 $P_{反}$，那么我们可以写为

$$P_{正} = P_{反} = \frac{1}{2}. \tag{1.1}$$

1.3 投掷或抛掷其他物体

忽略抛掷硬币用边缘站立起来的这种微小的可能性,抛掷一枚硬币只可能出现两种结果,正面朝上或反面朝上,这是缘于圆盘的对称性。然而,如果我们投掷一枚骰子,那么就有 6 种可能的结果——1、2、3、4、5 或 6。每个骰子都是一个具有 6 个面的立方体,如果没有上面的数字,所有的面都是相似的,并且每个面都可与其他各个面一样类似看待(图 1.3)。

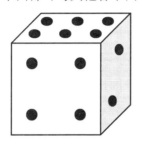

图 1.3　显示三个面的一枚骰子

依据骰子的对称性,可以期望投掷得到某个特定的数字,如 4,所占的比例将是 1/6,所以获得 4 的概率为 $P_4 = 1/6$,获得其他特定数字的概率与此一样。类似于硬币的等式(1.1),对于投掷骰子,6 种可能结果的概率是

$$P_1 = P_2 = P_3 = P_4 = P_5 = P_6 = \frac{1}{6}, \qquad (1.2)$$

我们可以将其推广到其他对称的物体,可能得到一些出现别的数字的结果,每个结果具有相同的概率。如图 1.4,我们看到那是一个正四面体,具有四个面,每个面都是一个等边三角形。我们看不到的两个面上的点数分别为 2 和 4。如果在一个光滑的表面上投掷,这个物体不会连续不断地翻滚,除非十分用力地投掷。原则上,它将以相等的概率给出数字 1－4,所以

$$P_1 = P_2 = P_3 = P_4 = \frac{1}{4}. \qquad (1.3)$$

从易于使用的角度看,一个更好的装置是一个正多边形的转盘,它被安装在一个转轴上,可以旋转。如图 1.5 所示,就是一个以相等的概率给

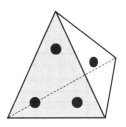

图 1.4 一个正四面体——具有四个相等概率结果的一枚"骰子"

出数字 1—5 的装置。转轴垂直地穿过五边形的中心,如同陀螺一样,这个五边形绕着转轴转动,最终一条直的边停留在支撑面上,这条边所对应的就是本次投掷出的数字。

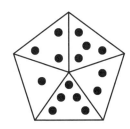

图 1.5 一个给出 $P_1 = P_2 = P_3 = P_4 = P_5 = \dfrac{1}{5}$ 的装置

现在我们已经引入了一种思想,将概率表示为 0 与 1 之间的一个小数,这是科学家和数学家唯一可以运用的方式。下面我们将会研究稍微复杂一点的概率问题,当产生不同结果组合时的概率问题。

问题 1

1.1　气象学不是一门精确的科学,因此天气预报不得不用缺乏精确性的语言进行播报。如下是一次气象办公室关于英国从 2006 年 9 月 23 日至 10 月 2 日的天气预报。

整个这段时间内低气压预期会影响英国北部和西部地区。整个南部地区在第一个周末有时可能会有阵雨,英格兰东部大部分地区,可能还有苏格兰东部将是晴朗的天气。英国中部和西部的大部分地区天气多变,时而阵雨冰雹,时而持续下雨,有时还伴有强风。然而,在来自南方的强大气流控制下,天气预计将变得更加炎热,东部地区将持续晴热天气。

请指出这个报告中所有缺乏确定性的部分。

1.2　下图是一个十二面体,它有 12 个面,每个面都是一个正五边形,而且每个面都一样。如若每个面上分别标有 1 至 12 的数字,那么投掷这个十二面体,获得数字 6 的概率有多大?

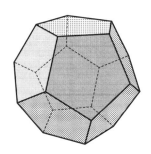

1.3　如下的图形是一个截锥,即一个被平行于底面的截面截去顶部的圆锥。

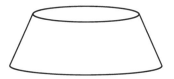

请画出如果将这个物体投掷至地板上,它停止后可能出现的各种位置。根据你的直觉,哪个位置的可能性最大,哪个位置的可能性最小?

1.4　一种疾病已被确诊为致命的,因为在最近的一次蔓延中,4205位病人中有123位已经死于这种疾病。根据这个信息推理,一位感染这种疾病的病人死亡的概率有多大？请保留三位小数。

第2章　组合概率

对人们来说概率是十分重要的生活指南。

——巴特主教（Bishop Butter，1691—1752）

2.1　或者—或者概率

让我们考虑投掷一枚骰子的情景,我们期望知道结果**或者是 1 或者是 6** 的概率。如何得到这个概率? 首先,我们考虑 6 种可能的结果,它们具有相等的概率。其中的两个结果,一个 1 或一个 6——占可能结果的三分之 —满足我们的要求,所以得到一个 1 或一个 6 的概率是

$$P_{1或6} = \frac{2}{6} = \frac{1}{3}, \tag{2.1}$$

表达这个结果的另一种方法是

$$P_{1或6} = P_1 + P_6 = \frac{1}{6} + \frac{1}{6} = \frac{1}{3}. \tag{2.2}$$

换句话说,式(2.2)表示"结果或者是 1 或者是 6 的概率是结果是 1 的概率与结果是 6 的概率之和"。

这个思路可以加以推广,所以当投掷一枚骰子时,得到 1、2 或 3 的概率是

$$P_{1或2或3} = P_1 + P_2 + P_3 = \frac{1}{6} + \frac{1}{6} + \frac{1}{6} = \frac{1}{2}, \tag{2.3}$$

类似地,当抛掷一枚硬币时,硬币正面朝上或反面朝上的概率是

$$P_{正或反} = P_正 + P_反 = \frac{1}{2} + \frac{1}{2} = 1, \tag{2.4}$$

这相当于一个必然事件,因为只有得到正面朝上或反面朝上这两种可能的结果。

在研究这些组合概率时,我们正是要考虑单个事件互不相容的结果——例如,投掷一枚骰子。假如我们对于得到 1、2 或 3 的结果感兴趣,那么当我们得到 1 时,就排除了所感兴趣的 2 或 3 的可能性(图2.1)。类似地,当我们考虑得到 2 时,就排除了 1 或 3 的可能性。这些组合概率的事件是**互不相容的**。一组互不相容的事件组成的集合中,**一个或另一个事件的组合概率是它们的独立概率之和**,这是一个普遍的规律。

 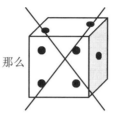 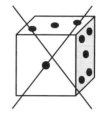

如果　　　　　那么

图 2.1　在或者—或者概率中如果结果是 1,
那么就排除了 2、3 的可能性

为进一步探索这个思路,我们研究一副标准的由 52 张牌组成的扑克牌。随机抽取得到一张特定的牌的概率是 1/52。有四张牌是 J,所以抽中一张 J 的概率是

$$P_J = \frac{1}{52} + \frac{1}{52} + \frac{1}{52} + \frac{1}{52} = \frac{4}{52} = \frac{1}{13}. \qquad (2.5)$$

现在,我们想知道从一副牌中抽到一张人头牌(即 J、Q 或 K)的概率。得到 J、Q 或 K 的独立概率都是 1/13,而且得到 J、Q 或 K 的结果是互不相容的,因此得到一张人头牌的概率是

$$P_{J或Q或K} = P_J + P_Q + P_K = \frac{1}{13} + \frac{1}{13} + \frac{1}{13} = \frac{3}{13}. \qquad (2.6)$$

当然,我们可以将所有人头牌看成一个整体,因为在 52 张牌中有 12 张人头牌,所以由此也可以直接得到抽到一张花牌的概率是 $\frac{12}{52} = \frac{3}{13}$。然而,用数学的方式思考问题有时对于一些不太明显的情况是有用的。

这种类型的组合概率称为或者—或者概率。就字面上的意思来解释,这个词只涉及两种可能的结果。然而,那不是数学上的限制,这种组合概率可以应用于任意多个互不相容事件。

2.2 既—又概率

现在我们设想如下两个事件同时发生——抛掷一枚硬币和投掷一枚骰子。我们现在要问的问题是,"**既**得到硬币正面朝上**又**得到骰子点数为6的概率为多少?"这两种结果显然不是互不相容的——事实上它们是**相互独立**的。抛掷硬币所得到的结果肯定不会影响投掷骰子的结果。首先,我们列出所有可能发生的结果:

正面 +1　正面 +2　正面 +3　正面 +4　正面 +5　正面 +6 ↙

反面 +1　反面 +2　反面 +3　反面 +4　反面 +5　反面 +6

一共有 12 种可能结果,每个结果具有相等的概率,我们关注的是箭头所指的结果。显然,既得到硬币正面朝上又得到骰子点数为 6 的概率为 1/12。这个概率可以分两步考虑。首先,我们考虑硬币正面朝上的概率——就是 1/2,这对应我们所列出的第 1 行。现在,我们再研究同时投掷骰子点数为 6 的概率,这就限制我们只能考虑第 1 行 6 个组合中的某一个,因此,骰子是 6 的概率为 $\frac{1}{6}$。观察这两个步骤,我们可得

$$P_{\text{既是正面又是6}} = P_{\text{正面}} \times P_6 = \frac{1}{2} \times \frac{1}{6} = \frac{1}{12}. \tag{2.7}$$

这个规律可以加以推广,从而得到任意多个相互独立的事件的组合概率。

$$P_{\text{既是正面又是6又是J牌}} = P_{\text{正面}} \times P_6 \times P_J = \frac{1}{2} \times \frac{1}{6} \times \frac{1}{13} = \frac{1}{156}. \tag{2.8}$$

再次看到,我们对于这个组合概率的描述违背了其字面上的意思。这个**既—又**的组合概率字面上应该仅应用于两个事件,然而我们将其拓展,用来描述任意多个独立事件的组合。

我们可以将"或者—或者"和"既—又"组合概率的规律结合在一起运用,用于解决十分复杂的概率问题。

2.3 遗传学意义上的遗传疾病——仅与基因有关

在任何种群中,都存在许多基因遗传疾病。已知的这类疾病大约有 4000 种,并且某些特定的疾病倾向于在某些特定的种族中流行。例如,镰状细胞贫血症主要出现于原籍西非的人群,它包括加勒比海岛和北美,以及英国的黑人。这种疾病影响红细胞内所含有的血红蛋白分子,而它们承担了人体内将氧气由肺部运输给肌肉,同时又将二氧化碳由肌肉送回肺部的功能。血红蛋白在细胞内排列成长杆状,这种疾病使红细胞变形为镰形,弹性减少,因此不易流动。这种细胞的寿命短于健康的红细胞(正常为 120 天),因此病人一直处于贫血状态。另一种基因疾病是泰萨二氏病,流行于具有犹太血统的人群。它会袭击神经系统,摧毁大脑和神经细胞,而且经常是致命的,这种疾病通常发生于婴儿阶段。

为了理解遗传疾病是如何通过基因遗传的,我们需要了解关于生命物质,包括人类的一些基因结构的知识。每一个人的细胞中,包含了许多染色体——缠绕的线状物,沿着染色体排列着大量的基因。决定人的特征的基因数量大约在 30 000—40 000 之间。每个基因都是一条 DNA 链,是由 1000 到几百万个基本单位构成的。通常对应于相反遗传特征的基因成对出现。例如,某种基因对可能决定人的身材,其中基因 A 倾向于高大,而此基因对中的另一个基因 a 则倾向于使人身材矮小。每一个人的细胞内都含有决定身材的两个基因。如果它们都是 A,那么这个人的身材将会倾向于高大,而若它们都是 a,那么就会倾向于矮小。在这种情况下,人们也只能说有这种倾向,因为其他的因素也会影响人体的高矮,特别是饮食。每个小孩从他的父母亲那里各继承一个"身材"基因,并且这两个他所得到的基因都是纯随机的。这里,我们展示由父母亲贡献的基因所形成的各种可能性:

父亲　母亲　小孩(所有基因对产生的概率相同)

Aa　　Aa　　　AA　　Aa　　aA　　aa

$$AA \quad aa \qquad Aa \quad Aa \quad Aa \quad Aa$$

$$AA \quad AA \qquad AA \quad AA \quad AA \quad AA$$

当一个人有一个相反基因对时,有时其特征将会中和,所以,例如,Aa 将倾向于中等身材,但在其他的情况下,基因对中的某一个基因可能是显性的。因此,如若 B 是一种"褐色眼睛"的基因,b 是"蓝色眼睛"的基因,那么 BB 基因的人会拥有一双褐色眼睛,bb 基因的人会拥有一双蓝色眼睛,而 Bb(等价于 bB)基因的人会拥有一双褐色眼睛,因为 B 是显性基因。有时,在某些群体中,有些基因会"一成不变"。所有的中国人都是 BB,所以每一个中国小孩必然从他的父母亲那儿继承了基因对 BB。所以所有的中国人都有一双褐色的眼睛。

现在,让我们研究与基因对 D、d 有关联的基因遗传疾病。基因 d 倾向于某种疾病,如果某个人继承了 dd 对,那么他将必然得这种病,并且在成年前死去。然而,在整个部落中,基因 d 是十分稀少的,而基因 D 则是显性的。任何基因恰好是 Dd 的人将不会患这种疾病,但是可能会将有害的基因 d 遗传给他或她的小孩,这种人称为携带者。我们假设在这个特定的族群中,$d: D$ 的比例为 $1:100$。如若随机配对,即父母亲均无法控制,那个族群中出生的小孩得这种病的概率有多大?

我们可以这样来研究这个问题,设基因对是一次一个基因地分配给婴儿的。第 1 个基因是 d 的概率为 0.01,因为那是基因 d 所占的比例。基因对所分派的第 2 个基因与第 1 个的分派独立无关,因而第 2 个基因再次为 d 的概率还是 0.01。因此第 1 个基因**是** d,第 2 个基因**还是** d 的概率为 $0.01 \times 0.01 = 0.0001$,或者说 10 000 中可能有一个。如果我们感兴趣的是,有多少个人将是不完全基因的携带者,即具有基因对 Dd,那么运用既—又组合概率,可知:

既有第 1 个基因是 D,**又**有第 2 个基因是 d 的概率为 $0.99 \times 0.01 = 0.0099$。**既**有第 1 个基因是 d,**又**有第 2 个基因是 D 的概率也为 $0.99 \times 0.01 = 0.0099$。

因为 Dd 与 dD 是互不相容的,所以携带基因对**或者**是 Dd **或者**是 dD

的概率为

$$0.0099 + 0.0099 = 0.0198,$$

也即大约 50 个出生个体中有一个是携带者。

事实上一些与基因相关的疾病是罕见的,因为有缺陷的基因的发生率很低。由于 $d:D = 1:1000$,所以尽管大约 500 人中就有一个人会是疾病的携带者,在 百万人中只有一个儿童会染上这种疾病。在另一方面,糖尿病——这种被认为与基因遗传有关系的疾病,就常见得多,并且疾病基因携带者的人数也非常庞大。

2.4 遗传有关的疾病——取决于性别

有不少基因遗传疾病,其中性别是一个重要因素。每一个人的性别是由两个染色体,X 与 Y 所决定的,女性具有染色体对 XX,而男性是 XY。女性总是贡献相同的染色体 X 给她的后代,而男性则以相同的概率贡献染色体 X 或 Y,这使得人口中男性与女性数量上得到平衡。亨利八世休了两个妻子,原因是她们没有给他带来儿子。现在我们知道,他应该对此感到羞愧! 有一些有缺陷的基因,例如导致血友病的基因,只产生在染色体 X 上。如果我们记有缺陷的染色体 X 为 X′,那么可能会产生以下的情况:

带有染色体组合 XX′ 的女儿将是一个血友病携带者,但她自己不会得病,因为 X 的出现对于 X′ 有所补偿。

带有染色体对 X′Y 的儿子将会得病,因为没有出现对于 X′ 有所补偿的 X。

现在,我们可以看到由不同的父母亲的染色体组合而成的各种结果:

(i)
   XY   XX

所有的小孩都不会得血友病,而且都不是携带者。

(ii)
   X′Y   XX

父亲会受到血友病的折磨,但是所有小孩都不会患血友病。儿子将完全不受影响,因为他们恰好都从他们的父亲那儿继承了染色体 Y。然而所有的女儿的染色体都是 XX′,因而她们都是携带者。

(iii)
   XY   X′X

这里,父亲没有患病,但是母亲是一个携带者。一半儿子的染色体是 X′Y,从而都会患血友病。另一半儿子的染色体是 XY,所以都不会患病。一半女儿的染色体是 XX′,所以她们都是携带者,而另一半的染色体是

XX,都不是携带者。

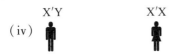

（iv）

X′Y   X′X

这里,有一个患血友病的父亲,一个携带者母亲。一半儿子的染色体是 X′Y,因此都会患血友病。另一半儿子的染色体是 XY,所以都不会患病。一半女儿的染色体是 X′X′,所以她们都会患病。而另一半女儿的染色体是 X′X,所以都是携带者。

血友病的发生率似乎与种族并没有什么强烈的关系,5000 个男性中有一人生来带有这种疾病。最著名的血友病家族史与维多利亚女王有关,她被确认是一个携带者。她有 9 个儿女、40 个孙辈,整个欧洲皇室她的数名男性后裔都遭受这种疾病的痛苦。其中最著名的例子就是阿列克谢·尼古拉耶维奇(Tsarevitch Alexis),俄罗斯帝国王室期盼已久的王位男性继承人,他生于 1904 年。而一个粗俗的,相当放荡的神父拉斯普京,由于他能显著改善年轻的阿列克谢疾病的症状,成为了议会中极有影响力的人物。有许多人相信,他对议会的有害影响是导致 1917 年俄国革命的一个重要的因素。

2.5 骰子游戏——美式双骰子游戏

美式双骰子游戏是一种据说起源于罗马时期,并且可能是由法国殖民者引入美国的骰子游戏。它投掷两枚骰子,游戏的进程取决于两个骰子顶面的点数之和。如果某个投掷者第 1 次投掷所得的点数之和为 7 或 11,那称为"a natural",他便立刻赢得这场游戏。然而,如果他掷到 2(称为"蛇眼"),3 或 12,那他将立刻输掉这场游戏(图 2.2)。任何其他的和都是游戏者的"点"。游戏者要么继续投掷,直至他再次获得他的"点",则他获胜;要么当他某一次掷得一个 7,那他就输掉游戏。显然,获得各种和的概率是这个游戏的精髓。

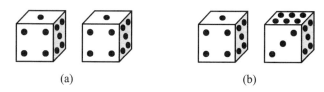

图 2.2 (a) 蛇眼;(b) a natural(第 1 次投掷),但若在以后掷得则算输

首先,我们研究掷得和为 2、3 或 12 的概率。那两个骰子必然出现如下情况之一

$$1+1 \quad 1+2 \quad 2+1 \quad 6+6$$

这些都是互不相容的组合。因为一个骰子上的数字与其他骰子无关,所以每个组合的概率都是 1/36,即

$$P_{蛇眼} = P_1 \times P_1 = \frac{1}{6} \times \frac{1}{6} = \frac{1}{36}, \tag{2.9}$$

因此获得和为 2、3 或 12 的概率是

$$P_{2, 3或12} = P_{1+1} + P_{1+2} + P_{2+1} + P_{6+6} = \frac{4}{36} = \frac{1}{9}. \tag{2.10}$$

获得和为 7 或 11 则需要掷得如下的组合

$$6+1 \quad 5+2 \quad 4+3 \quad 3+4 \quad 2+5 \quad 1+6 \quad 6+5 \quad 5+6$$

这些组合都是互不相容的,每个的概率都是 1/36,所以获得"a natural"的

概率是 8/36 = 2/9。

假如每个游戏者必须掷出他的"点",那么他获胜的可能性就取决于那个"点"的数值,也取决于获得那个"点"的概率与获得 7 的概率的相比较。如下我们显示的是,对于每个可能的"点",能获得它的各种组合,以及每次投掷得到它的概率。

点	组合	概率
4	3 + 1　2 + 2　1 + 3	$\frac{3}{36} = \frac{1}{12}$
5	4 + 1　3 + 2　2 + 3　1 + 4	$\frac{4}{36} = \frac{1}{9}$
6	5 + 1　4 + 2　3 + 3　2 + 4　1 + 5	$\frac{5}{36}$
8	6 + 2　5 + 3　4 + 4　3 + 5　2 + 6	$\frac{5}{36}$
9	6 + 3　5 + 4　4 + 5　3 + 6	$\frac{4}{36} = \frac{1}{9}$
10	6 + 4　5 + 5　4 + 6	$\frac{3}{36} = \frac{1}{12}$

获得 7 一共有 6 种不同的组合(可见上面获得"a natural"的方式说明),获得它的概率是 1/6,大于任何别的点的概率。

这是一个美国极其流行的赌博游戏。那些参与游戏的人,几乎都养成了一种对概率理论的良好直觉,因为正是它在摆弄着这个游戏,虽然很少有人能用正规的数学方式来表达他们的本能知识。在后面,当我们更多地了解一些概率时,我们将可以计算出投掷者获胜的全部可能性——这一结论说明对于参与者来说,他的胜利概率是相当小的。

问题 2

2.1　投掷一次问题 1.2 中所描述的十二面体,获得的数字小于 6 的概率是多少?

2.2　如果从一副牌中任意抽取一张,那么抽到 A 的概率有多大?

2.3　同时投掷问题 1.2 中的十二面体和一枚普通的六面体骰子,那么十二面体和骰子同时出现数字 5 的概率有多大?

2.4　求出从一副牌中抽得一张 J,同时抛掷四枚硬币获得四个正面朝上的概率。这个概率是大于还是小于问题 2.3 所求得的概率?

2.5　同时投掷问题 1.2 的十二面体和一枚普通的六面体骰子,那么顶面数字之和为 6 的概率是多少?

2.6　对于一个特定的基因对 F 和 f,F 是显性基因,而后一个基因会导致一种特定的疾病。假如这两个基因发生的比例为 $f:F=1:40$,那么在这个族群中可能发生如下情况的人所占的比例是多少?

(ⅰ)　受疾病困扰的人?

(ⅱ)　这种疾病基因的携带者?

第 3 章　赛马日

不要信赖笨蛋。

——维尔吉尔（Virgil，公元前 70—公元前 19）

3.1 概率类型

迄今为止,我们从数值上研究的概率类型可以被看作是逻辑概率,也就是说,我们可以通过逻辑推断估计随机事件的概率。这时常基于对称的概念;1 枚硬币有 2 个面,从概率的意义上看 2 个面都无特殊之处,所以与每个面相关的概率都为 1/2。1 枚骰子是一个对称体,从几何的角度看,每个面相对于其他 5 个面都是相同的,所以我们再次将对应于必然事件的概率 1 划分为 6 个相等的部分,与每个面相关的概率都为 1/6。这种概率的估计是逻辑的也是直觉的。

如果我们希望知晓由于某种潜在的致命疾病导致一位感染者死亡的概率,显然无法运用逻辑概率。这里,唯一的引导是以前的经验——过去在相似情况下感染这种疾病的人们所评定的死亡率的资料。这正是问题 1.4 的基础。这种通过观察,或通过类似环境下的实验所得到的概率称之为经验概率。从日常生活的角度看,它是一种更为重要的概率——除非你是一个积习难改的赌徒,成天泡在只用得到逻辑概率的赌场中。因此,如果你正计划在佛罗里达度假 2 周,你就会咨询该州的气象统计局,预知你度假期间 10 英里范围内龙卷风产生的概率。以任何一点为圆心 10 英里为半径的一个圆的面积是

$$A = \pi \times (10)^2 \text{ 平方英里} = 314 \text{ 平方英里}.$$

整个佛罗里达州每 10 000 平方英里内发生龙卷风的平均频率是每年 9.09 次,所以若假设一年之内所有时间有相同的概率,从而 314 平方英里面积内,在特定的 2 周期间,预计龙卷风产生的概率为

$$N = 9.09 \times \frac{314}{10\,000} \times \frac{2}{52} = 0.011.$$

当然,不存在部分的龙卷风。但是答案的意思是在 10 英里的范围之内发生龙卷风的概率是 0.011 或者说大约 $\frac{1}{90}$。龙卷风只有当一个人在其行进的路径内时,才会对他造成威胁。而这一风险发生的概率远远小于 $\frac{1}{90}$,甚至可能更接近 $\frac{1}{30\,000}$——非常小。

有一种概率,本质上是经验概率,但也包含例外的情况。例如评估某一匹马,或者某一只灵猩,赢得某一场特定比赛的可能性。当然要有以前测试动物的记录,但还必须考虑许多其他的因素。作为评估动物状态的每一场以前的比赛,都是在各种不同的情况下发生的,包括赛道的状况和对手的特点等。在诸如全国越野障碍赛马的一些障碍比赛中,当一起越过一个障碍时,赛马的不可预测的反应将会扰乱比赛的结果。而且,如人一样,马有状态良好的时候,也有糟糕的时候,这些都不可预料。这里所讨论的概率类型,显然既不是推理概率,也不是经验概率,因为每一个事件有它自己的特点,无法依据过去的表现加以精确的评估。这种概率评估与众不同的特点是需要判断,我们可以将这种概率定义为"**判断概率**"。作出正确的判断对于对比赛结果下注的赌马经纪人是极为重要的,一再错误的判断可能导致他的破产。

3.2 赌马

　　每个下赌注者可以通过三种方式对赛马的结果下注——在当地或赛道旁的投注站内,或通过赛道旁的某个赌马经纪人,或通过赌金计算器。赌金计算器是一个系统,本质上它绝不会输钱。在一个下赌注者用赌金计算器将 10 英镑赌金下注于"我可爱的小姐"这匹马的那一刻,他仅仅抱有一个粗略的想法,即如果那匹马胜出,他就会赢钱。赌金计算器的组织者将所有的赛马赌金,例如£ 500 000,取出一定的比例,例如£ 25 000,支付一些费用和创造利润。然后当"我可爱的小姐"胜出时,再将余下的赌金,即£ 475 000,按各人赌金的比例,分给下注于"我可爱的小姐"的每个下赌注者。因此,如果下注于"我可爱的小姐"那匹马的赌金总共是£ 20 000,那么那位下赌注者将获得赛马奖金回报的 10/20 000。所以他的回报是

$$£ 475 000 \times \frac{10}{20\ 000} = £ 237.50.$$

　　那个赌金计算器实际上比我们前面所描述的来得复杂一点,因为下赌注者可以对"名次下注",如果下注的那匹马获得比赛的前二、前三或前四名——取决于比赛中马匹的数量,他将可能获得缩减的回报,即获胜者奖金的一部分。不管怎么说,赌金计算器系统实际上总可以认为是必胜的。

　　与其相比,一个投注站或一位赌马经纪人与下赌注者签订合约,在下注时,给出特定的赔率。如若获胜的那匹马的赔率是 3/1(3 倍 1),那么一次获胜的赌金£ 10,将获得原来的£ 10 加上£ 10 的 3 倍,即总共£ 40。一位赌马经纪人可能在某一场赛马中输掉,甚至输得很惨。不过,如果他熟知赌马技巧,熟练地评估赔率,长此下去,他就能得到可观的利润。

　　让我们以某位赌马经纪人给出的一组赔率为例,显然他是愚蠢的。考虑一场 2 匹马的比赛,该赌马经纪人设定每匹马的赔率都是 2/1。一位下赌注者不需长时间考虑,就可确定,如果他为每匹马下注£ 1000,他的总赌注为£ 2000,那么不管哪匹马胜出,他从比赛所得的回报都将是

£3000。这个例子,不用详尽分析,都容易明白。然而更多发生的是那种赔率设定差劲的狡诈例子。假设有一场 10 个骑手参加的马赛,一位赌马经纪人依据各个骑手的特点,为一场赛马的小牝马们设定了以下的赔率:

戴安娜	3/1
黎明女郎	6/1
骄傲公主	6/1
橄榄绿	10/1
蜉蝣	10/1
晨曦之声	15/1
小姑娘	15/1
失恋	20/1
特洛伊的海伦	25/1
小事一桩	30/1

尽管如果漫不经心地审视这组赔率,情况并不明显,但是这位赌马经纪人正面临遭受一定损失的危险。任何称职的下赌注者都能在这次赛马中获益。让我们看看应该如何下注。他给每匹马下注,所下的赌金如下:

戴安娜	£250	(£1000)
黎明女郎	£143	(£1001)
骄傲公主	£143	(£1001)
橄榄绿	£91	(£1001)
蜉蝣	£91	(£1001)
晨曦之声	£63	(£1008)
小姑娘	£63	(£1008)
失恋	£48	(£1008)
特洛伊的海伦	£39	(£1014)
小事一桩	£33	(£1023)

赌金之后括号内所显示的是下赌注者在任何一匹马赢出后将会得到的收益——介于£1000到£1023 之间。然而,他的赌金总数为£964,所以那位下赌注者注定是一个赢家,他将获得介于£36 至£59 之间的收益,这

取决于哪匹马赢得比赛的胜利。显然没有哪位赌马经纪人会对此次赛马提供这样的赔率，我们现在已经看出设置赔率的原则是确保赌马经纪人在长期的运营中具有很高的获益概率。

我们注意到下赌注者所做的一切是让他在各匹马上下的整数英镑的赌注能带给他£1000或略多一些的回报（赌金加上赢利）。为了能够简单地分析这一情况，我们将假设他调整他的赌金以至于恰好获得£1000的回报——虽然赌马经纪人不会接受包含便士或者几分之一便士的赌金。如果一匹马的赔率为 $n/1$，那么下赌注者将会获得他的赌金的 $n+1$ 倍，所以为了得到£1000的回报，下注的赌金应是£$1000/(n+1)$。为验证这一点，我们以 $n=3$ 的戴安娜为例，赌金为£$1000/(3+1)=$£250。现在让我们考虑一般情况，10匹马的赔率分别为 $n_1/1$，$n_2/1$，$\cdots$，$n_{10}/1$。如果下赌注者对每一匹马都下注，设想不管哪匹马胜出他都能得到£1000的回报，那么他的赌金总数，以英镑为单位即为

$$S = \frac{1000}{n_1+1} + \frac{1000}{n_2+1} + \cdots + \frac{1000}{n_{10}+1}. \tag{3.1}$$

若 $S<$ £1000，那么这个下赌注者注定会赢。因此对于赌马经纪人，如若不想输给有见识的下赌注者，那么 S 就必须大于£1000。这个条件给出了赌马经纪人的金科玉律，现在我们将用数学的形式将它表示出来。

如果我们将式（3.1）的两边同时除以1000，那么就有

$$\frac{S}{1000} = \frac{1}{n_1+1} + \frac{1}{n_2+1} + \cdots + \frac{1}{n_{10}+1}. \tag{3.2}$$

赌马经纪人要想不输给聪明的下赌注者，式子的左边必须大于1。我们前面给出的，后面还将解释的这条金科玉律，用数学符号可以表示为

$$\sum_{i=1}^{m} \frac{1}{n_i+1} > 1. \tag{3.3}$$

符号 > 的意思是"大于"。式（3.3）是一个**保证**下赌注者不可能赢出的条件——尽管他也可能因为只对一匹马下注，而那匹马正好胜出而赢钱。符号 $\sum_{i=1}^{m}$ 表示从1到 m 的 m 个 i 的量相加。在我们所举的例中，马的数量为 $m=10$，i 从1到10，有

$$\sum_{i=1}^{10} \frac{1}{n_i + 1} = \frac{1}{n_1 + 1} + \frac{1}{n_2 + 1} + \frac{1}{n_3 + 1} + \frac{1}{n_4 + 1} + \frac{1}{n_5 + 1}$$
$$+ \frac{1}{n_6 + 1} + \frac{1}{n_7 + 1} + \frac{1}{n_8 + 1} + \frac{1}{n_9 + 1} + \frac{1}{n_{10} + 1}.$$

如若关系式(3.3)不成立,和式小于1,如同我们一开始所分析的假设情况,那么下赌注者肯定能赢利。赌马经纪人的技能不仅仅是将他的赔率始终固定于满足金科玉律——任何具有适当数学技巧的人都能做到。他还必须正确地评估各匹马赢得比赛的可能性。如果他将一匹马的赔率设定为10/1,而那匹马实际上却具有五分之一的赢出可能性,那么精明的职业赌徒就会很快捕获这个信息,并加以利用。

3.3　下赌注者的最佳条件

我们已经看到了赌马经纪人的金科玉律,即式(3.3),它将确保没有一位下赌注者能在某一场特定的赛马比赛中保证能赢。如果该式的左端的数值小于1,那么下赌注者保证能赢出;而若等于1,那么下赌注者可以如此卜赌注以保证恰好拿回他的赌金——但是当然那就显得毫无意义。如若左端的数值大于1,那么它的数值越大,赌马经纪人在赛马中获得的利益也就可能越大。从逻辑上看,凡是对赌马经纪人有利的,必定对下赌注者不利。因此若假设参与比赛的马的赔率恰好反映了这些马胜出的相对可能性——实际上经常是这种情况,那么和式的数值越小,对于下赌注者的**不利**因素就越少;而若相反,和式的数值越大,则对赌马经纪人就越**有利**。让我们关注如下两次赛马比赛,马匹和赔率如表所示。括号内所显示的是 $1/(n+1)$ 的数值。

比赛 1	戴安娜	2/1	(0.333)
	黎明女郎	4/1	(0.200)
	骄傲公主	6/1	(0.143)
	橄榄绿	10/1	(0.091)
	蜉蝣	10/1	(0.091)
	晨曦之声	15/1	(0.062)
	小姑娘	15/1	(0.062)
	失恋	20/1	(0.048)
	特洛伊的海伦	25/1	(0.038)
	小事一桩	30/1	(0.032)
比赛 2	庞培	3/2	$\left(=1\tfrac{1}{2}/1\right)$ (0.400)
	高贵青年	2/1	(0.333)
	高尔基公园	5/1	(0.167)
	彗星国王	8/1	(0.111)
	瓦利恩特	12/1	(0.077)

公园大道　　　　　　16/1　　　　（0.059）

　　第1场赛马比赛的和式的数值是1.100，第2场是1.147。其他的方面相同。假设那些马胜出的可能性完全反映在了它们的赔率中，下赌注者在第1场赛马中下注于他所看好的马后具有更高的赢利的可能性。

　　一个对赌马经纪人有利的因素就是许多赌金不合逻辑地凭直觉或冲动随意下注。每年有若干个经典的跑马比赛，例如德比马赛，三岁马赛马和全国越野障碍赛马。这些跑马比赛吸引了大量的人，而他们一般从未赌过赛马，他们只是自己单独下注，或者通过由某个社会俱乐部或赛马现场组织的赌金全赢制比赛下注。大多数人对所下注的马一无所知，只是由于这些马或者曾在当地受过训练，或者它们的名字恰好和他们某个朋友或某个家庭成员的名字一样或相似而被吸引。1948年，希拉的小屋以50/1赔率赢得了全国越野障碍赛马比赛的胜利，大量下赌注者幸运地有一个名字也叫希拉的妻子、女儿或女朋友。

　　与那些偶尔参与或只是作为消遣的下赌注者不同，还存在一些职业赌徒，他们仔细评估马的赔率，研究组合，仅当条件达到最佳时才下注，并以此为生。对他们来说，大型的经典跑马比赛没有特别的吸引力。在某个小型赛马场的小型跑马比赛中赢得100英镑与在某个经典的跑马比赛中赢得100英镑是完全一样的——如若那个经典的跑马比赛没有给他们提供很好的机会，那么他们就会简单地一走了之。

　　必须一直牢记的是，赌马经纪人也需要过日子，而且常常比一般的下赌注者过得好。所以最好是将赌博看作为一项娱乐活动，为此花费可以承受得起的赌注。

问题 3

3.1 如下是在某个特定跑道上一个赌马经纪人为三场比赛所设置的赔率：

下午 2:30	蹒跚	1/1（同额赌注）
	疯马	4/1
	孟斐斯男孩	6/1
	老鹰	8/1
	伽利略	12/1
	山地空气	18/1
下午 3:15	顽童	2/1
	小铜人	3/1
	危险	3/1
	拳击手	4/1
	爱踢者	6/1
	顶点	8/1
下午 3:45	增压器	2/1
	野牛	3/1
	魟鱼	4/1
	火舞	8/1
	硬脑壳	12/1

所有这些比赛的赔率是否符合赌马经纪人的金科玉律？哪场跑马比赛对赌马经纪人获利最有利？

第4章 抉择与选择

拒绝邪恶,选择善良。

——《以塞亚书》,7:14

4.1 小孩离开房间问题

我们想象有三个小孩，阿梅利亚（Amelia）、芭芭拉（Barbara）和克里斯汀（Christine）在一个房间里玩耍。到了离开房间的时候，他们一个接着一个离开了房间。试问有多少种不同的顺序离开房间？我们使用他们的首位字母，表示各种可能的顺序，如图4.1。

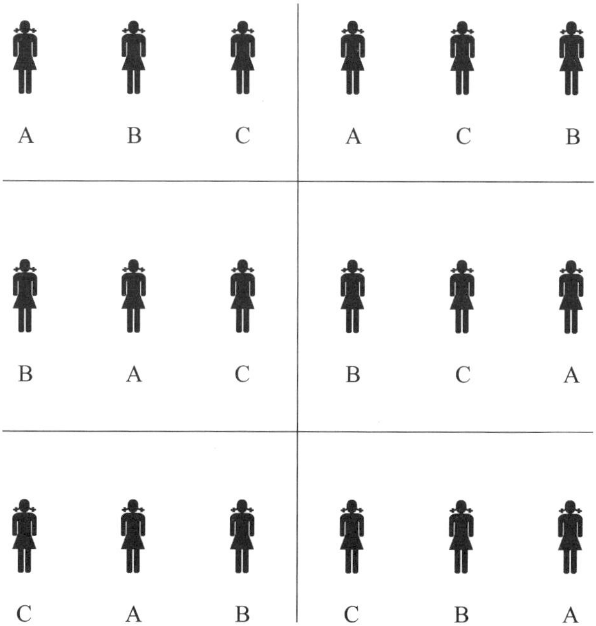

图 4.1 3 个女孩离开一个房间的 6 种顺序

你很容易核实除了这 6 种情况没有其他的可能性了。而若那个房间里，还有另一个小孩，丹尼拉（Daniella），那么他们离开房间的各种不同顺序总数将会更大些，即

ABCD	ABDC	ACBD	ACDB	ADBC	ADCB
BACD	BADC	BCAD	BCDA	BDAC	BDCA
CABD	CADB	CBAD	CBDA	CDAB	CDBA
DABC	DACB	DBAC	DBCA	DCAB	DCBA

按照这样的思考,可产生 24 种离开房间的顺序。随着房间中小孩人数的增加,问题也变得越来越复杂。此外,如若我们想要知晓究竟有多少种不同的顺序,似乎没有更多的办法,只能列出详细的离开顺序。

当小孩数为 3 时,存在 6 种离开的顺序;而当小孩数为 4 时,存在 24 种离开的顺序。现在让我们来看不使用上面的方法——写下每个顺序,如何导出这个结果。对于二个小孩的情况,第 1 个小孩的离开有 3 种可能——A、B 或 C——相应于图 4.1 的第 1 列。一旦第 1 个小孩已经离开,房间里还剩下 2 个小孩,因此第 2 个小孩的离开有 2 种可能——对应于每个排列的第 2 个字母。于是房内还剩下一个小孩,他最后一个离开。由这样的分析可知,离开房间的可能情况的总数为

$$N_3 = 3 \times 2 \times 1 = 6. \tag{4.1}$$

如果我们对 4 个小孩的情况重复这个过程——第 1 个小孩的离开有 4 种可能,第 2 个小孩的离开有 3 种可能,第 3 个小孩的离开有 2 种可能,直至最后一个离开——可知离开房间的可能顺序的总数为

$$N_4 = 4 \times 3 \times 2 \times 1 = 24. \tag{4.2}$$

这种方法给出了我们原先通过详细地一一列出所有的顺序后才得到的结果,而且可以拓展,例如 7 个小孩按不同顺序离开的可能总数为

$$N_7 = 7 \times 6 \times 5 \times 4 \times 3 \times 2 \times 1 = 5040. \tag{4.3}$$

当然也可以如同 3 个或 4 个小孩那样,十分繁琐地一一列出每个可能的顺序。

对于较多小孩的情况完全写出那些数的乘积是冗长的,而且需要占用大量的篇幅,因而我们将其缩记为

$$7 \times 6 \times 5 \times 4 \times 3 \times 2 \times 1 = 7! \tag{4.4}$$

其中 7! 读作"7 的阶乘"。对于较大数的阶乘,如 50!,这种记号的简洁性是非常明显的。

请注意,即使当确定并一一列出每个顺序不可行时,我们也可以算出各种顺序的总数。例如,30 个小学生离开教室的顺序总数是 30!,一个 33 位数。一台每秒能生成十亿(10^9)个顺序的计算机将需要花费 8 千万亿多年才能完成列出所有顺序的工作!

4.2　挑选团队问题

我们考虑从一个拥有 12 名成员的桥牌俱乐部中,挑选 4 名选手组成代表团队,参加一次全国桥牌比赛。俱乐部的所有成员都具有相当的技术水平,所以决定采用抽签的方式挑选 4 名选手组成参加全国桥牌比赛的团队——这就意味着 4 名选手的所有可能的组合具有完全相等的可能性。我们要问的是:从俱乐部的所有成员中随意挑选 4 名选手,有多少种不同的组合?

这个问题可以考虑为一个接着一个地从团队里挑选选手,就如同小孩离开房间的问题一样。团队挑选第 1 名选手有 12 种可能;对于这 12 种可能中的每一种,再继续挑选第 2 名选手,则有 11 种可能——所以从团队里挑选前 2 名选手共有 $12 \times 11 = 132$ 种可能。下一名选手有 10 种可能,最后一名选手有 9 种可能。因而所有不同的有序的挑选总数为

$$S = 12 \times 11 \times 10 \times 9 = 11\,880. \tag{4.5}$$

如若参加比赛的选手必须被指定某种顺序,因为联赛要求每个团队的选手被标上 1、2、3 与 4 的号码,以便决定他们如何配对与对手进行比赛,那么上面得到的正是所需要的答案。然而,假若由 4 名选手组成的团队看成一个整体,而不考虑他们在挑选过程中的先后顺序,那么由式(4.5)给出的值 S 就过大了。我们用字母表示团队中的每一个人,如果认为 ABCD 与 ACBD 不同,那么 S 的值就是这 4 个字母所有不同顺序的组合数。因此,在上面得到的 11 880 种有序选择中,有多组是由相同的 4 个人组成的。为了得到不考虑顺序的团队总数,我们必须将值 S 除以这 4 个字母不同顺序排列的总数。而 4 个字母的排列完全雷同于 4 个女孩离开房间的问题:第 1 个字母的选择有 4 种可能,第 2 个字母有 3 种可能,随后第 3 个字母有 2 种可能,最后一个字母仅有一种可能,因而 4 个字母不同顺序组成的总数为

$$4 \times 3 \times 2 \times 1 = 4!.$$

由此,可以得到**不考虑挑选顺序**的团队总数为

$$T = \frac{S}{4!} = \frac{12 \times 11 \times 10 \times 9}{4!} = 495. \tag{4.6}$$

我们可以用一种较为简洁的方式加以表述。记

$$12 \times 11 \times 10 \times 9 = \frac{12 \times 11 \times 10 \times 9 \times 8 \times 7 \times 6 \times 5 \times 4 \times 3 \times 2 \times 1}{8 \times 7 \times 6 \times 5 \times 4 \times 3 \times 2 \times 1}$$

$$= \frac{12!}{8!},$$

从而

$$S = \frac{12!}{8!}, \tag{4.7}$$

那么

$$T = \frac{S}{4!} = \frac{12!}{8! \, 4!}.$$

现在我们将这个例子一般化。假设有 n 个相互有所区别的物体——例如，一个口袋里装有编有号码的 n 个球。如果我们从这个口袋里，一次取出一个球,连着取出 r 个球,把选择的顺序也考虑进来,那么不同的选择总数为

$$S = \frac{n!}{(n-r)!}. \tag{4.8}$$

令 $n = 12, r = 4$,可得式(4.7),即从 12 个成员中挑选 4 个组成有序的团队的总数。然而,如若不考虑顺序,相当于将手伸进口袋,一把摸出 r 个球,那么不同的挑选总数为

$$T = \frac{n!}{(n-r)! \, r!}, \tag{4.9}$$

$n = 12, r = 4$,这就是从 12 个成员中挑选 4 个组成不考虑顺序的团队的总数。式(4.9)右端的表达式十分重要,必须拥有它特定的符号,所以我们可以将**从 n 个物体中挑选 r 个物体的组合数**写作

$$C_n^r = \frac{n!}{(n-r)! \, r!}. \tag{4.10}$$

显然,从 n 个物体中挑选 n 个物体的组合数为 1——你可以取出所有的物体,这是唯一的组合。在式(4.10)中,以 $r = n$ 代入,得

$$C_n^n = \frac{n!}{0!\,n!} = 1,$$

由此,我们可以得到如下有趣的结果

$$0! = 1, \tag{4.11}$$

这个结果一点也不明显。

4.3 电子邮件用户名的选择问题

西方社会中,个人签名所用的首位字母,最一般的个数是 3 个,对应于他的家族名和两个教名。因此,加雷思·卢埃林·琼斯(Gareth Llewe-lyn Jones)根据他的首位字母来识别就是 GLJ,这可用来认可支票上的更改,以及工作中给同事书写纸条末尾的落款。然而,当加雷思在一个网站注册用户名 GLJ 时,他被告知已经有人使用。从而,他在他的用户名末尾加上数字 1,但被告知仍然已有人使用。那样他又将数字 2 加在用户名末尾,结果一样——加上 3、4 和 5,还是那样。为什么会这样呢?

我们假设网站有 1 百万用户希望使用 3 个首位字母作为他们的用户名。首先,我们考虑究竟有多少种可能的不同首位字母组合,当然假设所有字母出现的概率相等——实际上并非如此,例如字母 Q、X 与 Z 很少出现。每个字母有 26 种可能,所以可能的组合数为

$$26 \times 26 \times 26 = 17\,576.$$

因此 1 百万用户中,与组合 GLJ 出现的次数最接近的整数是

$$N = \frac{1\,000\,000}{17\,576} = 57, \tag{4.12}$$

事实上,G、L 与 J 是人们使用相当普遍的几个首位字母,在网站服务器的用户名单中采用加雷思的组合的人数快接近 100。如果加雷思使用例如 GLJ123 的用户名,那他将发现这是一个唯一的用户名。

即使一般使用 4 个字母的用户名,增添数字或许仍然需要,因为 26^4 (=456 976)还是小于 1 百万。

4.4 英国国家彩票

英国国家彩票的一注彩票是从 1－49 中选出 6 个不同的数字组成的。如果这些数字恰好与随机地从一个箱子中摸出的 6 个球上的号码一致,那么就赢得了一等奖。第 7 个球,额外奖球,也是随机地从箱中摸出;如果你有额外奖球号码加上 6 个主中奖号码中的任意 5 个,那么就是二等奖。如果没有额外奖球号码但有 5 个正确号码,或者 4 个或 3 个正确号码,也就中了一些较小的奖项。图 4.2 显示了中各个奖项的例子。

←———————— 6 个中奖号码 ————————→ 额外奖球

(23) (15) (8) (33) (2) (41) (18)

(a)	2	8	15	23	33	41
(b)	2	15	18	23	33	41
(c)	8	15	23	33	35	41
(d)	2	6	8	29	33	41
(e)	5	8	14	15	33	48

图 4.2 被选出的号码球和一些奖项的组合

(a) 一等奖—6 个正确;(b) 二等奖—5 个正确加上额外球;

(c) 三等奖—5 个正确;(d) 四等奖—4 个正确;

(e) 五等奖—3 个正确。

根据式(4.10),令 $n = 49, r = 6$,从 1 到 49 中挑选 6 个数字的组合总数为

$$C_{49}^6 = \frac{49!}{43!6!} = \frac{49 \times 48 \times 47 \times 46 \times 45 \times 44}{6 \times 5 \times 4 \times 3 \times 2 \times 1}$$

$$= 13\,983\,816. \tag{4.13}$$

因为赢得一等奖的可能正确组合只有 1 个,所以获得一等奖的概率为

$$P_{一等奖} = \frac{1}{13\,983\,816} \tag{4.14}$$

等你中了一等奖,再去订一辆劳斯莱斯轿车,这样更为明智!

　　要赢得二等奖,你必须有 6 个中奖号码中的 5 个加上额外奖球号码。而 6 个中奖号码中任意选出 5 个的各种不同组合总数为 6。例如,对于图 4.2 中所给出的 6 个中奖号码,它们是

$$
\begin{array}{ccccc}
2 & 8 & 15 & 23 & 33 \\
2 & 8 & 15 & 23 & 41 \\
2 & 8 & 15 & 33 & 41 \\
2 & 8 & 23 & 33 & 41 \\
2 & 15 & 23 & 33 & 41 \\
8 & 15 & 23 & 33 & 41
\end{array}
$$

　　因为从 6 个中奖号码中任意选出 5 个不同组合的总数为 6,所以存在 6 种不同的组合——5 个中奖号码 + 额外奖球号码——可以获得二等奖。因此赢得二等奖的概率是中奖组合数 6 除以 6 个号码的不同组合的总数,即

$$
P_{二等奖} = \frac{6}{13\,983\,816} = \frac{1}{2\,330\,636}. \tag{4.15}
$$

　　我们已经看到有 5 个中奖号码的可能组合有 6 个,并且第 6 个数字既不是某一个中奖号码,也不是额外奖球号码的可能总数是

$$
49 - 中奖号码数 - 额外奖球数 = 49 - 6 - 1 = 42.
$$

　　因此有 5 个正确号码的中奖组合数是 $6 \times 42 = 252$。从而中 3 等奖的可能性为

$$
P_{三等奖} = \frac{252}{13\,983\,816} = \frac{1}{55\,491.33}. \tag{4.16}
$$

　　有 4 个正确号码的中奖总数是从 6 个中奖号码中获得 4 个号码的组合数与从 43 个非中奖号码中获得 2 个号码的组合数的乘积。从 6 个中奖号码中获得 4 个号码的组合数为

$$
C_6^4 = \frac{6!}{4!\,2!} = 15,
$$

从 43 个非中奖号码中获得 2 个号码的组合数为

$$C_{43}^2 = \frac{43!}{41!\,2!} = 903.$$

因此恰好获得 4 个正确号码的组合数为

$$C_6^4 \times C_{43}^2 = 15 \times 903 = 13\,545 ,$$

从而中四等奖的概率为

$$P_{\text{四等奖}} = \frac{13\,545}{13\,983\,816} = \frac{1}{1\,032.4}. \tag{4.17}$$

最后从 6 个中奖号码中恰好获得 3 个正确号码的组合数与从 43 个非中奖号码中获得 3 个号码的组合数的乘积为

$$C_6^3 \times C_{43}^3 = \frac{6!}{3!\,3!} \times \frac{43!}{40!\,3!} = 246\,820 ,$$

因此中五等奖的概率为

$$P_{\text{五等奖}} = \frac{246\,820}{13\,983\,816} = \frac{1}{56.66}. \tag{4.18}$$

国家彩票所募得的资金有 3 个用途。一部分返回作为奖金,一部分作为组织并管理彩票的部门的费用,剩余的进入"慈善事业"。参与能带来较多现金效应轰动的慈善事业有多种方式。毫无疑问,许多人对于这种定期地从箱子里一个接着一个摸出奖球充满期待,这种场面往往电视直播,闪光不断,并伴有激昂的音乐。人们充满了梦想:大奖会在某一天降临到他们自己头上!

问题 4

4.1　5 个学生按照一个一个的方式离开房间,他们有多少种不同的离开顺序?

4.2　某个飞镖俱乐部有 10 个成员的水平高于其他成员,他们的水准相当。现需要从这 10 个成员中挑选 4 人组成一个团队,代表这个俱乐部参加一场比赛。选拔通过抽签进行。试问:有多少种不同的组团方式?

4.3　一个口袋里装有 6 个不同颜色的球,一次从口袋里摸出 3 个球。试问:3 个球的颜色按摸出的顺序分别是红色、绿色和蓝色的可能性有多大? 现将这 3 个球放回口袋,然后一把摸出 3 个球,再问:它们的颜色为红色、绿色和蓝色的可能性多大?

4.4　某个城镇决定仿照国家彩票的模式发行地方彩票。他们仅从 1—20 这 20 个数字中抽取 4 个号码。4 个中奖号码是从一个装着标有数字的球和一个额外奖球的箱子中摸出的。头等奖是 4 个正确号码,二等奖是 3 个正确号码加上额外奖球,三等奖是 3 个正确号码。试问,一注彩票中各种奖项的可能性多大?

第5章 概率的非直觉实例

事物并不都如它们看上去的那样。

——亨利·沃兹沃思·朗费罗

(Henry Wadsworth Longfellow,1807—1882)

我们已经说过,当抛掷一枚均匀的硬币时得到正面朝上的概率是0.5,而抛掷一粒均匀的骰子得到6的概率是1/6,这些结果在直觉上都是很显然的,但是有时候直觉能够把你带入歧途。这一章我们将讨论三个对于大部分人来说某一特定结果发生的概率并不十分明然的实例。

5.1　生日问题

忽略闰日的复杂情况,可以作为生日的日子有 365 天。我们略微思考一下就可以知道,如果一个房间里有 366 个人,那么他们之中至少有两个人**一定**是同一天生日(概率值 = 1)。如果人数减少为 365 或 364,那么尽管至少有两人同一天生日不一定会发生,但是我们的直觉告诉我们其概率值一定非常接近于 1——事实上,如果没有两个人是同一天生日,我们会感到非常意外。如果人数继续减少,很明显,概率值也会减少,然而只要人数还超过 200 人,则这个概率值仍旧比较大。

让我们从另一个极端情况开始考虑,假设房间里只有两个人。他们有同一天生日的概率很小,且这一概率值也很容易计算。一种思考方式是考虑其中一人告诉你他的生日,然后你问另一人的生日,他给出的回答有 365 种可能性,但是只有一种会与第一个人给出的生日相一致。因此,他们的生日是同一天的概率是 1/365。

另一种处理该问题的方式是,首先给出这样一个问题:"在没有任何限制条件下两个人的生日有多少种可能性?"因为每个人都有 365 种可能性,因此答案是 365 × 365——把一个人在日历中的每一天和另一个人在日历中的每一天结合起来。现在,我们接着问一个可能并不十分容易回答的问题——"两个人有不同生日的可能性有几种?"第一个人有 365 个可能的生日,但是一旦他的生日定下来以后,因为生日不同,所以第二个人的生日只有 364 种可能性,于是答案是 365 × 364。现在,我们得到了他们有不同生日的概率为:

$$P_{\text{生日不同}} = \frac{\text{生日不同的情况总数}}{\text{生日所有的情况总数}} = \frac{365 \times 364}{365 \times 365} = \frac{364}{365}. \qquad (5.1)$$

任何两个人有相同生日或不同生日是互不相容事件,因此

$$P_{\text{生日不同}} + P_{\text{生日相同}} = 1,$$

或

$$P_{\text{生日相同}} = 1 - P_{\text{生日不同}} = 1 - \frac{364}{365} = \frac{1}{365}, \qquad (5.2)$$

这个答案与先前得到的相同。我们介绍这一比较复杂的方法的原因是,该方法在处理三人或更多人的情况时比较容易。

现在考虑房间里有三个人。在没有任何限制条件下他们生日的情况共有 $365 \times 365 \times 365$ 种。他们有不同生日的情况可以这样确定:第一个人可以有 365 种选择,第二个人要与第一个人不同,所以他有 364 种选择,而第三个人要与前两人不同,所以有 363 种选择。因此他们生日不同的情况总数是 $365 \times 364 \times 363$。于是他们有不同生日的概率是:

$$P_{\text{生日不同}} = \frac{\text{生日不同的情况总数}}{\text{生日所有的情况总数}} = \frac{365 \times 364 \times 363}{365 \times 365 \times 365}$$

$$= 0.991\ 795\ 8. \tag{5.3}$$

如果生日不是各不相同的,那么他们之中至少有两个人有相同的生日,这一事件的概率是:

$$P_{\text{3人生日不全不同}} = 1 - P_{\text{生日不同}} = 0.008\ 204\ 2. \tag{5.4}$$

运用上述方法,我们可以得到一个房间内五人中至少有两人生日相同的概率是

$$P_{\text{5人生日不全不同}} = 1 - \frac{365 \times 364 \times 363 \times 362 \times 361}{365 \times 365 \times 365 \times 365 \times 365}$$

$$= 0.027\ 136. \tag{5.5}$$

通过找到生日各不相同的概率,然后用 1 减去该概率,这种计算的优势已经比较明显了。假定我们试图直接找到五个人中至少有两人生日相同的概率,那么我们就需要考虑其中两人生日相同而其余三人生日不同,三人生日相同而其余二人生日不同,两对生日相同等等多种不同情况。所有人的生日**不同**是一个单一的结果,它发生的概率相对来说比较容易计算。

现在,我们问一个非常基础的问题:"要使得至少两个人生日相同的概率大于 0.5,那么房间里需要有多少人?"这可以用计算器来完成。我们可以逐项计算下列乘积直到该乘积值小于 0.5。

$$\frac{365}{365} \times \frac{364}{365} \times \frac{363}{365} \times \frac{362}{365} \times \frac{361}{365} \times \frac{360}{365} \times \frac{359}{365} \times \cdots.$$

第一个使得乘积小于 0.5 的 n 的值表示,在此时所有人的生日**不同**

的概率小于 0.5，即在此时至少有两人生日**相同**的概率大于 0.5。这个 n 的值是满足我们要求的人数。你估计一下 n 有多大?

在表 5.1 中，我们给出了随着 n 的增大至少有两人生日相同的概率值。我们可以看到，当有 23 人时，这个概率值恰好超过 0.5——这个值低得让大部分人都感到吃惊。该结果给出的视觉印象由图 5.1 表示。

表 5.1　当有 n 个人时至少有两人生日相同的概率

n	概率值	n	概率值	n	概率值
2	0.002 740	3	0.008 204	4	0.016 356
5	0.027 136	6	0.040 462	7	0.056 236
8	0.074 335	9	0.094 624	10	0.116 948
11	0.141 141	12	0.167 025	13	0.194 410
14	0.223 013	15	0.252 901	16	0.283 604
17	0.315 008	18	0.346 911	19	0.379 119
20	0.411 438	21	0.443 688	22	0.475 695
23	0.507 297	24	0.538 344	25	0.568 700

图 5.1　有两人生日相同的可能性超过 50%！

如果你教一个有着 30 名学生的班级，那么其中至少有两人生日相同的概率是 0.706 316，如果有 40 名学生，那么概率值为 0.891 232，如果有 50 名学生，则概率值为 0.970 374。

5.2 皇冠和锚

皇冠和锚是一种骰子游戏,它曾经在英国海军水手中非常流行。在玩该游戏时,需要三粒骰子,每粒骰子都有六个面,其中一面是皇冠,一面是锚,另外四面分别是扑克牌的四种花色——黑桃、红桃、草花和方块(如图 5.2 所示)。

图 5.2 三个皇冠和锚的骰子

事实上,如果骰子只是六面分别标有 1 至 6 的普通骰子,该游戏仍旧能够进行。我们将考虑普通骰子的情况。有两个玩家,掌管游戏的庄家和掷骰子的投掷者。我们先考虑一个并**不是**皇冠和锚的游戏。

庄家首先向不具备数学知识的受骗者说明游戏的公平性。他解释说,既然掷一枚骰子得到 6 的概率是 1/6,那么掷三枚骰子得到 6 的概率就是 3/6 = 1/2。当然,这样的说法绝对是胡说,因为只有结果是互不相容时才可以相加概率,而这里从三个骰子掷得的结果实际上是**相互独立**的,也就是说掷一枚骰子得到 6 不会影响掷另外两枚骰子得到的结果。但是,我们的投掷者并没有看过我们这本书,他接受了庄家的说法,并同意在如下前提下掷骰子,即如果他掷得一个 6 那么庄家付给他 1 英镑,而他没能掷得 6 那么他付给庄家 1 英镑。

投掷者输得很惨,这使得他逐渐意识到有什么地方出了问题。有时他掷得两个 6,甚至三个 6,但是他仍然只能得到 1 英镑。他向庄家抗议并要求当掷得两个 6 时他应得 2 英镑,而掷得三个 6 时得到 3 英镑。庄家很不情愿地答应了。他们继续游戏,这时他们玩的就是皇冠和锚的游戏了。然而投掷者继续输,只是比刚才输得少一些。投掷者认为既然游戏现在是公平的而且是按照他提出的规则进行赔付,因此他今天一定非常倒霉。真的是投掷者很倒霉还是他受骗了? 让我们来分析一下这个游戏。

我们首先需要确定投掷三枚骰子可能的结果有哪些。用符号 0 表示不是 6 的结果,那么投掷三枚骰子可能得到的结果是:

000　　600　　060　　006　　660　　606　　066　　666

掷一枚骰子得到 6 的概率是 1/6,得到不是 6 的概率为 5/6。因为投掷三枚骰子得到的结果是相互独立的,所以上述结果的概率值在表 5.2 的第二列用乘法概率给出。

表 5.2　掷三枚骰子所得到的各种结果的概率以及

投掷者玩第一个游戏 216 次和玩皇冠和锚游戏 216 次

各自所对应的每一种结果的期望收益和损失

结果	概率	第一个游戏的收益(损失)	皇冠和锚游戏的收益(损失)
000	$\frac{5}{6} \times \frac{5}{6} \times \frac{5}{6} = \frac{125}{216}$	(−125)	(−125)
600	$\frac{1}{6} \times \frac{5}{6} \times \frac{5}{6} = \frac{25}{216}$	25	25
060	$\frac{5}{6} \times \frac{1}{6} \times \frac{5}{6} = \frac{25}{216}$	25	25
006	$\frac{5}{6} \times \frac{5}{6} \times \frac{1}{6} = \frac{25}{216}$	25	25
660	$\frac{1}{6} \times \frac{1}{6} \times \frac{5}{6} = \frac{5}{216}$	5	10
606	$\frac{1}{6} \times \frac{5}{6} \times \frac{1}{6} = \frac{5}{216}$	5	10
066	$\frac{5}{6} \times \frac{1}{6} \times \frac{1}{6} = \frac{5}{216}$	5	10
666	$\frac{1}{6} \times \frac{1}{6} \times \frac{1}{6} = \frac{1}{216}$	1	3
净损失		34	17

可以发现,第二列中所有概率值的和是 1,这是因为所列的互不相容结果是所有可能发生的结果。在第一个游戏中,投掷者掷出多个 6 并没

有得到额外奖励,投掷者共掷 216 次,每次的赌金是 1 英镑,有 125 次是庄家赢,剩余 91 次是投掷者赢,因而投掷者净损失 34 英镑的赌金。这在表中的第三列中表示出来了。然而,当游戏按照皇冠和锚的规则进行时,就像表中最后一列显示的那样,当掷出两个 6 时投掷者得到两英镑的赌金,三个 6 时得到三英镑的赌金,投掷者仍然净损失了 17 英镑。这个游戏看上去很公平,为什么投掷者总是输呢?

如果三枚骰子被掷 216 次,那么一共能看到 $3 \times 216 = 648$ 个面,其六分之一,也就是有 108 次可能是 6。现在我们假定如果 6 只是单独出现,也就是说两个 6 和三个 6 的情况不会出现。在这种情况下,投手会赢 108 次——当 6 出现时,而庄家会赢 108 次——当 6 不出现时,所以庄家和投手都不输也不赢。现在,考虑出现的 108 个 6 中有两次是两个 6 **同时出现**,而其余 106 个 6 每次都单独出现。这时投手仍然赢 108 英镑,每一个 6 出现得到一英镑,而且他是在 107 次投掷中赢得这 108 英镑的,所以现在还有 109 次不是 6 的情况。于是庄家有一英镑的盈余。这就是该游戏的秘密——每次出现两个 6 或三个 6 时,无疑此时投掷者是非常高兴和欢迎的,但是却为庄家制造了盈余的条件。这是隐藏在皇冠和锚游戏背后的秘密。

在 20 世纪初,或许更早,庄家们就在伦敦或其他大城市的路边摆设了皇冠和锚游戏。与我们已经描述的有所不同的是,投掷者可以选择他赌的内容,比如说锚,但是这并不会改变游戏中涉及的概率。这是不合法的活动,因为当时唯一合法的赌博形式是在注册过的赌场或俱乐部中进行的赛马或赛狗。皇冠和锚是非常不利于投掷者的游戏,它实质上等同于抢劫无辜者,所以即使在当今更为自由的立法下也应该禁止。

5.3 换还是不换——这是一个问题

电视上让参赛者选择装有不同奖励盒子的游戏节目非常普遍。选对了盒子,则盒子里的奖品就是你的,选错了盒子,盒子里的东西往往令人失望甚至厌恶。这样的游戏绝不仅仅包含选择盒子这样一个简单行为,通常伴随着一系列的行为和决定后才最终打开盒子。我们现在来描述这样一个游戏。

参赛者面前有三个盒子,我们不妨称之为 A、B 和 C。其中一个盒子里有 1000 英镑,而另外两个盒子里各有一条香肠。参赛者选择了盒子 A,但没有打开它。节目主持人随之打开了另外两个盒子中的一个,里面是一条香肠。然后,节目主持人狡猾地问参赛者是坚持他原来的选择还是换成是另一个没有被打开的盒子。参赛者对这样的提议感到怀疑。他认为,既然只有两个盒子没有被打开,其中一个装着钱,那么每个盒子里装着钱的概率各是 0.5,所以他可能还是坚持原来的选择。这样的推理似乎并无瑕疵,但是他做了错误的选择。如果他选择换成另一个没有打开的盒子,他赢得奖金的概率是坚持原来选择的两倍。一个令人惊奇的结果——让我们看一下如何得到这个结论。

本游戏的关键点是主持人知道钱在哪个盒子里而且他总是会打开一个藏着香肠的盒子。现在,让我们假定参赛者起初选择了盒子 A。盒子里装着钱或香肠的各种可能结果如图 5.3 所示。

首先,我们假定参赛者决定不换盒子。如果钱和香肠的摆放如图 5.3 第一行所示,那么他会赢得奖金。然而,如果钱和香肠的摆放是另外两种情况,他在盒子里找到的将是香肠。他获胜的可能性是三分之一。我们假定他总是决定换盒子。如果钱和香肠的摆放如第一行所示,那么无论主持人打开含有香肠的哪个盒子,我们的参赛者总是拿到另一根香肠,所以换盒子将使他输了游戏。但是如果钱和香肠的摆放如第二行所示,那么主持人将打开盒子 C,更换盒子将使得参赛者选择打开盒子 B,此时他将赢得奖金。同样,如果钱和香肠的摆放如最后一行所示,主持人会打开盒子 B,参赛者将选择打开盒子 C,同样赢得奖金。对于三种可能摆放中

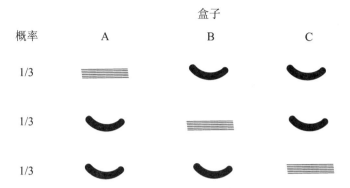

盒子

| 概率 | A | B | C |

图 5.3　钱和香肠的三种可能摆放情况，每种情况的可能性都是 1/3

的两种,我们的参赛者将获胜,所以他获胜的概率是 2/3,恰好是他选择
不换盒子的两倍。

因为所有的盒子是等价的,所以我们选定的是盒子 A,盒子 B 或盒子
C 都无所谓,我们得到的结果与参赛者最初选择的是哪只盒子没有关系。
如果更换盒子的话,参赛者将有更大的获胜可能。尽管这样的结论令人
惊奇,但是你会同意该结论。

问题 5

5.1 在艾瑞特行星上,一年有 100 天。

(i) 任意两个艾瑞特人有不同生日的概率是多少?

(ii) 任意四个艾瑞特人有不同生日的概率是多少?

(iii) 一个房间里必须要有多少个艾瑞特人才能保证他们之中至少有两个人生日相同的概率大于 0.5?

5.2 用两粒骰子玩皇冠和锚的游戏。利用表 5.2 中的术语,可能的结果是 00,06,60 和 66。制作一张类似于表 5.2 的表格,用来表示进行 36 次第一种游戏和两粒骰子的皇冠和锚的游戏,此时庄家的期望盈余分别是多少。

第6章 概率与健康

如果你相信医生的话,那么世界上没有任何一样事物是能增进健康的。

——索尔兹伯里勋爵(Lord Salisbury,1830—1903)

6.1 找到最好的治疗方法

正如问题 1.4 和第 3.1 节中所说的那样,在医学中感兴趣的概率是经验概率。国家卫生总局和世界卫生组织这样的机构收集和比较不同来源的信息,从而推导出不同疾病的经验死亡率和不同的临床治疗和外科手术的成功率。当然,在每个医疗案例中,除了诊断和治疗外,其他因素也会对治疗的成功与否起作用,如医生的培训、技能和经验,以及诸如病人的年龄和强壮度等特征。从所有这些因素的视角来看,在诊治中的有些因素与我们在第 3.1 节中所说的判断概率相类似。为了在诊断过程中增加确定性,开发了许多基于计算机的诊断系统。当有四组计算机诊断系统与一组非常有经验且能干的医生对同样一组特定症状的诊治结果进行比较时,计算机诊断系统能对其中二分之一至四分之三的症状给出正确诊断。当某种症状对应着许多种可能的疾病时,电脑只能给出专家诊断意见的一半或更少。但是另一方面,平均每个症状电脑又会额外给出两种当时专家也没有给出但事后为专家所认可的疾病诊断。

尽管诊治有不确定性,但是当我们生病去看医生时,医生经常能识别病症所在,并且知道最好的治疗方式。然而,就像我们已经指出的那样,情况并不总是如此,有时候病症并不指向唯一的疾病,而是指向一组带有不同概率的疾病中的一种或几种(图 6.1)。

我们假设有这样一个无法确诊的案例,这个案例指向三种可能的疾病,其发生的概率分别为

$$A \ 0.70 \quad B \ 0.20 \quad C \ 0.10$$

这些概率的依据是由医生和医学团体所收集的和已发表在研究期刊上的大量信息。治疗这三种可能的疾病,我们有多种药物可用,并且由于症状的类似性,这些药物很可能对每一种疾病都有效。假设有三种可用药物 a、b 和 c,它们对这三种疾病的治疗成功概率如下所示:

药物 a	A 0.6	B 1.0	C 0.4
药物 b	A 0.65	B 0.5	C 0.9
药物 c	A 0.75	B 0.2	C 0.5

图 6.1　我真的不知道你什么地方出了问题
但我知道治疗它的最好方法

从疾病的发生概率来看,疾病 A 最有可能,而从药物的有效性来看,药物 c 对于治疗疾病 A 最有效。那么我们是否可以作出这样的结论,从病人的角度来看,最好的治疗方式是服用药物 c? 答案是否定的——事实上这是最糟糕的决定。

为了看出医生应该怎样开处方,让我们给出如下可笑的但是数值上是有帮助的假设:假定他有 1000 个患有未知疾病的病人,让我们计算出使用这三种药物治疗的可能结果。对于这 1000 名病人,我们可以估计患有三种疾病的病人数分别是

$$A\ 700 \quad B\ 200 \quad C\ 100$$

如果他使用药物 a,那么

患有疾病 A 的 700 名病人中有 $700 \times 0.6 = 420$ 人能康复,

患有疾病 B 的 200 名病人中有 $200 \times 1.0 = 200$ 人能康复,

患有疾病 C 的 100 名病人中有 $100 \times 0.4 = 40$ 人能康复。

因此,能康复的病人总数是 $420 + 200 + 40 = 660$。现在我们对另外两种药物重复刚才的计算。结果是

对药物 b,能康复的病人总数是

$$700 \times 0.65 + 200 \times 0.5 + 100 \times 0.9 = 645,$$

对药物 c,能康复的病人总数是

$$700 \times 0.75 + 200 \times 0.2 + 100 \times 0.5 = 615.$$

从计算结果可以看出,药物 a 是最好的。虽然对于最可能发生的疾病 A 而言,药物 a 的有效性最低,但是对于另外两种疾病它非常有效。

从上述例子可以发现,当我们碰到各种互不相容事件时(例如,疾病 A、B、C),这些互不相容事件有不同的概率,而且对于不同的事件有不同的应对方法(例如,使用药物 a、b、c),这些应对方法又有着不同的成功概率,此时非常有必要考虑所有事件所有应对方法的各种组合的结果以优化获得成功的可能性。这里我们又碰到了与第 5 章中所描述的相类似的另一个例子,即从概率论中获得的答案与个人的直觉有出入。

6.2 药物检测

在非西方社会,尤其在中国和印度,涉及使用天然产物——通常是植物,有时也有动物——的医学分支已经历了许多世纪的发展。许多这类治疗方法非常有效,且为西医合成药的研制提供了基础。然而,合成药在使用上与天然产物相比有许多优势。首先,使用剂量可以被更为精确地控制;天然产物活性成分的浓缩,比如说植物的根,需要依赖植物生长季节的天气情况。同样,通过提取和分析植物活性成分的结构,药剂公司可以生产出与天然产物相比更为有效或更少副作用的替代品。药剂产业的另一个现代化方向是药物的开发。许多药物的有效功能是通过它们对病人特殊蛋白质的反应获得的,因此可以设计某些药物使其以特殊的方式与蛋白质混合,这样可以抑制或促进蛋白质的活性。

许多药物是在动物身上进行试验的,这是因为动物比如说豚鼠或老鼠,对于药物的反应与人的反应类似。这样的假设通常是成立的,但有时也不成立,因此,最终唯一确定药物对人体有效性的方法是在人体上进行试验。偶尔,不幸的是,这样的试验也会出错,就像 2006 年 3 月英国的一项药物试验。在老鼠和灵长目动物身上的试验表明该药物有效且无副作用,然而六位男性服用该药物后病情都加重了,而且还带有各种器官衰竭和健康的永久损害。尽管这是人体药物试验的一个挫折,但这样的试验肯定还会继续进行,不过要有更加严格的安全措施。

当这样的试验进行以后,很重要的一点是对该试验步骤的有效性进行恰当评价。这些评价背后的理论是相当深奥的,但是我们将描述一些简单规则,这些规则的运用有助于决定临床试验结果的重要意义。

我们考虑一种药物的试验,十名患有某种疾病的病人服用了该种药物,其中 7 人得以康复,而另 3 人没有从治疗中获益。另一组患有相同疾病的 20 名病人服用了安慰剂,这是一种看上去像药物但实际上无害且不起作用的物质。其中 5 名病人得以康复,但其余 15 人没有康复。这些病人自己并不知道他们服用的是药物还是安慰剂,所以我们可以排除任何由心理引起的生理效应。有证明新药有效的证据吗? 为回答该问题,我们将描述统计学家称为 χ^2 -检验(χ 是一个希腊字母,在英文中写作 "chi",但读作"kye",所以这是 chi-squared 检验)方法的解决步骤。

第一步　如下所示,在表 O（O 表示观测,observation）中列出试验结果

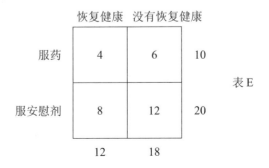

恢复健康　没有恢复健康

	恢复健康	没有恢复健康	
服药	7	3	10
服安慰剂	5	15	20
	12	18	

表 O

两行右侧给出的数字是服用药物和安慰剂的病人总数。两列底部给出的数字是恢复健康的病人总数和没有恢复健康的病人总数。

第二步　我们给出假设(称为零假设):药物无效。总共 30 名病人中有 12 名,即 0.4,恢复健康,且**如果零假设成立**,那么这是不经过治疗自然恢复的病人比例。根据零假设,我们现在可以作出表 E（E 表示期望,expected）,该表给出服用药物(现在假设为无效)和没有服用药物的期望恢复健康和没有恢复健康的病人数。因此,根据总体的康复率,10 名服用药物的病人中期望有 4 人恢复健康而其余 6 人没有恢复健康。同样,对于服用安慰剂的病人,期望恢复和没有恢复健康的病人数分别是 8 和 12。注意到当期望的人数填入表格中后,行的和数与列的和数同原来一样。

恢复健康　没有恢复健康

	恢复健康	没有恢复健康	
服药	4	6	10
服安慰剂	8	12	20
	12	18	

表 E

第三步 现在,即使药物是完全无效的,由于随机波动,表 O 和表 E 可能会有不同。作为一个例子,如果你抛掷一枚硬币 100 次,**恰好**得到 50 次正面朝上和 50 次反面朝上的情况不太可能发生。然而,如果你得到 90 次正面和 10 次反面,你可能会怀疑你的零假设,即硬币的均匀性,几乎不可能成立。现在,让我们来看如何判断表 O 和表 E 的区别,从而来检验该区别是否足以使我们怀疑我们的零假设是错误的。为此,我们计算

$$\chi^2 = \sum_{i=1}^{4} \frac{(O_i - E_i)^2}{E_i} \tag{6.1}$$

的值,这里 $i = 1$ 至 4,对应表里的四个值,O_i 和 E_i 分别是表 O 和表 E 中的值。根据式(3.3)给出的 $\sum_{i=1}^{4}$ 的解释,该值为

$$\chi^2 = \frac{(7-4)^2}{4} + \frac{(3-6)^2}{6} + \frac{(5-8)^2}{8} + \frac{(15-12)^2}{12}$$
$$= 5.625 。 \tag{6.2}$$

第四步 χ^2 的值与标准表格中的数值相比较,部分已在表 6.1 中列出。

表 6.1 带有 1 个自由度的 χ^2 分布的概率

概率	0.20	0.10	0.05	0.025	0.02	0.01	0.005	0.001
χ^2	1.642	2.706	3.841	5.024	5.412	6.635	7.879	10.827

让我们假设我们 χ^2 的值是 3.841。从表中可以知道,如果零假设正确,即药物无效,那么得到这个 χ^2 值或者某些**更大的**值的概率是 0.05,即二十分之一。该概率值的意义取决于所做试验的具体内涵。如果试验与某个商业决策有关,例如,试验顾客对某种新包装的反应,那么 0.05 将被认为足够小,从而据此判断零假设,即新包装无效,很可能是不正确的。在医学决策上,界线的设定通常是苛刻的,如果医疗条件有关生死,则对概率值的设定会极其严格。我们例子中得到的 χ^2 值意味着在零假设下得到该结果的概率值在 0.02 以下,但是它还是不够小,我们不能据此认为治疗有效,从而批准该药物使用。在进行试验前通常要**预先**确定显著

性水平。如果没有事先确定显著性水平,那么就存在危险,我们在已经知道检验结果的情况下总能够确定一个能满足想要结果的显著性水平值。

让我们假定显著性水平为 0.01,并以此作为判断新药能否被广泛使用的标准,这就意味着根据试验结果计算得到的 χ^2 值对应的概率要小于 0.01,或者远小于期望值。刚才描述的试验结果不满足推广新药的条件。但是让我们假设在更大样本上进行试验,此时,观测表和期望表如下所示:

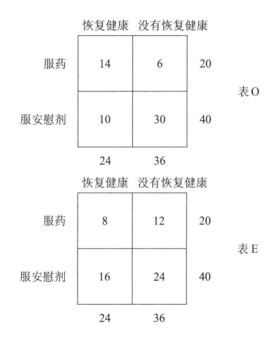

这两张表格中的数据与我们前面给出的表格相比按比例扩大了 2 倍,现在我们有

$$\chi^2 = \frac{(14-8)^2}{8} + \frac{(6-12)^2}{12} + \frac{(10-16)^2}{16} + \frac{(30-24)^2}{24}$$
$$= 11.25. \qquad (6.3)$$

从表 6.1 中可以得到,如果在零假设成立的情况下,这个试验的结果,或其他极端结果,偶然发生的可能性小于千分之一。该试验结果满足推广新药的标准且新药的有效性得到认可。这表明样本大小在进行假设

试验时的重要性。

我们可以在许多不同的情境下使用 χ^2 检验,这里我们仅给出了一个例子。表6.1 的标题提到"一个自由度"。"自由度"的概念在统计中非常重要,它度量了在我们感兴趣的系统中独立变量的数目。我们注意到尽管表 E 和表 O 有不同的填入值,但是它们行的和与列的和对应相同。因此,如果我们知道有 20 人服用了给定的药物,40 人服用了安慰剂,且 24 人得以康复但其余 36 人没有康复,但这些信息不足以建立一个表格。表 O 和表 E 都蕴含这些信息,且我们还可以作出许多其他包含这些信息的表格。在这样的情境下一个自由度的含义是,在给定行和与列的和数的条件下,一旦填入表格中的一个值,那么表格中的其余值都能得以确定。

我们将再一次碰到自由度的概念:我们将在第 8 章中给出涉及多个自由度的 χ^2 检验的应用。尽管自由度是一个难以完全理解的深奥概念,但幸运的是,在特定的情境下,确定有几位自由度通常是较为简单的。

问题6

6.1　一个病人的症状表明他患有两种疾病之一的可能——疾病 A 有0.65的概率，疾病 B 有0.35的概率。有两种药物可用，这两种药物在治疗这两种疾病时都有部分功效。下表概括了这两种药物的治愈成功率：

疾病	A	B
药物 a	0.6	0.4
药物 b	0.3	0.9

为了最大化治愈的可能性，医生应该采用何种药物进行治疗？

6.2　一家连锁店决定检验其某种商品新包装的有效性。它有两家环境和规模相似的门店，店内该商品的摆放也相似。在首先进入门店 A 的100名顾客中，有8人购买了旧包装的该种商品。在首先进入门店 B 的100名顾客中，有20人购买了新包装的该种商品。

计算 χ^2 值。零假设是新包装无作用。如果该 χ^2 值对应的概率大于 0.05，那么该连锁店将不更换该种商品的包装。他们是否需要更换包装？

第7章 组合概率；掷骰子游戏所揭示的

掷一次骰子不会排除可能性。

——斯特凡·马拉梅

（Stephane Mallarme，1842—1898）

7.1　一个简单的概率机器

我们考虑这样一个简单的概率机器：一个小球从洞中掉下来，沿着如图 7.1 所示的管道坠落。

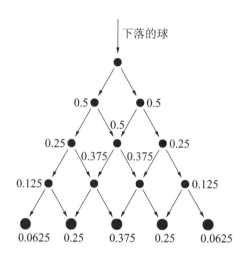

图 7.1　弹子球游戏

每当小球到达一个分叉点（图中小圆点所示位置）时，它会以相同的概率向左或向右下落。在底部放着收集小球的杯子，图中用大圆点表示。每次使顶部掉落一个小球要向这个概率机器投 10 便士。如果小球最后落入中间的杯子则钱就会被没收；如果小球落在挨着中间杯子的两个杯子中任何一个，则退还 10 便士；如果落在最外面两个杯子中的任何一个，则返还 30 便士。那么在这个游戏中赢钱或者输钱的机会是多少？

小球在离开第一个分叉点时有相同的机会向左或向右，所以到达下面两个分叉点的概率是 0.5。现在考虑到达左侧分叉点的小球，它又可以向左或向右，如果它向左就到达了第二层三个分叉点中左边的那个。要能这样一定有两个独立事件发生——在两次遇到分叉点时均以 0.5 的概率向左，因此如图中所示，小球到达第二层左边分叉点的概率是 $0.5 \times 0.5 = 0.25$。利用对称性，到达第二层右边分叉点的概率也是 0.25。要到达中间分叉点，运动路线必然是右—左或左—右，每种路线的概率都是 $0.5 \times$

0.5 = 0.25。由于这两条路线是互不相容的,到达中间分叉点的概率应该由两个概率相加得到,即 0.25 + 0.25 = 0.5。这三个概率值依次标在第二层分叉点处,当然它们的和为 1,因为小球一定到达它们中的一个。

通过类似的推理可以得到第三层分叉点处以及杯子处小球到达的概率。可以看出,这个游戏对玩家有小小的诱惑力。他只有 0.375(= 3/8) 的机会输钱,却有 0.625 的机会拿回钱或者赢钱。不过且慢,让我们来看看他的机会究竟是多少。输钱的概率是 0.375(= 3/8),拿回钱的概率是 0.25 + 0.25 = 0.5 = 1/2,得到三倍赌注回报的概率是 0.0625 + 0.0625 = 0.125(= 1/8)。所以预期的结果是,如果他玩了 8 次游戏,则会有 3 次输钱,4 次拿回 10 便士,1 次拿回 30 便士,一共拿回 70 便士。然而,玩 8 次游戏他一共投了 80 便士,他实际上输了。当然,如果他运气好赢了钱就退出,那么他能赢点钱,但是如果他持续玩这个游戏的话,那么他最后几乎注定会输。

这是一个关于组合概率的例子,这里的事件或是独立事件或是互不相容事件。我们考虑图 7.1 中小球落入中间杯子的方式。用 L 表示偏左,用 R 表示偏右,共有 6 条互不相容路线到达中间杯子

LLRR　LRLR　LRRL　RRLL　RLRL　RLLR

每一步左或右与上次独立,每条路线的概率是

$$0.5 \times 0.5 \times 0.5 \times 0.5 = 0.0625,$$

但是由于路线互不相容,到达中间杯子的总概率是

$$6 \times 0.0625 = 0.375.$$

概率机器可以设计得更复杂,有更多层分叉点,在分叉点可以用小钉子使小球向左向右的机会不相同。然而,不论概率机器多么复杂,用上面解释的原则总可以计算出到达每个杯子的概率。

7.2 二十一点——一种纸牌游戏

二十一点游戏在英国叫做 pontoon,在法国叫做 vingt-et-un,在美国叫做黑杰克(blackjack),它是流行于赌场的一种赌博游戏。每张纸牌对应一个点数,2 到 10 之间的纸牌就对应牌面上的点数。人头牌,即 J、Q 和 K,均计为 10 点。A 有些灵活,可以根据需要由玩牌者计为 1 点或 11 点。

一开始庄家给每位玩家以及自己发两张牌。玩家可以继续要牌,每次一张牌,最多再要三张牌,通过喊"要牌"使自己手里的牌的点数之和在不超过 21 的情况下尽可能接近 21。如果玩家不想继续要牌,他可以说"停手"。如果玩家手里牌的点数之和超过 21,他就输了(爆了),赌注由庄家没收。尽管在这个游戏里,运气占有主导地位,但也可以通过计算来进行判断是否继续要牌。例如,如果玩家手里有三张牌,2 + 6 + 8,一共 16 点,再要一张牌,如果是 6 或者更大,那么这一把他就输了。当所有玩家要完牌后,庄家翻开他的两张牌,然后要牌,直到他想停止。如果庄家爆了,他要付给所有没有爆掉的玩家等于他们赌注的钱。如果庄家没有爆,他要付钱给所有点数高于自己且没有爆掉的玩家,拿走点数小于或等于自己的玩家的赌注。

以上是这个游戏的基本描述,还有一些额外的方面。如果两张牌计到 21 点(一定是一张 A 和一张计 10 点的牌),这两张牌(称为 pontoon)可以战胜其他任何牌。另外一种好牌的组合是五张(five-card trick),这五张牌的点数之和小于 21,可以战胜除 pontoon 以外的其他所有牌。这些还不是这个游戏的全部描述,不过在这里已经够了。这个游戏中庄家的优势首先是可以战胜持有一把与庄家点数**相同的牌**的玩家;其次是庄家知道一些玩家持有牌的信息,如玩家手中牌的张数,尽管不知道他的总点数。

对二十一点游戏也能给出完全的统计分析,就是复杂一些——例如得到五张(five-card trick)的不同方法。在有些情况下,很容易计算这些概率值。例如,我们考虑用两张牌得到 19 点的概率。一种可能是 10 点 +9 点。10 点可以是一张 10 或者一张人头牌,从一副牌中拿到 10 点的概率是 16/52;现在还有 51 张牌,其中有 4 个 9,所以第二张牌是 9 的概率是 4/51。拿牌是独立的,所以先 10 后 9 的概率是

$$P(10,9) = \frac{16}{52} \times \frac{4}{51} = 0.024\ 13.$$

这种情况和其他选择情况下得到 19 点的概率如下所示:

$$P(10,9) = \frac{16}{52} \times \frac{4}{51} = 0.024\ 13,$$

$$P(9,10) = \frac{4}{52} \times \frac{16}{51} = 0.024\ 13,$$

$$P(11,8) = \frac{4}{52} \times \frac{4}{51} = 0.006\ 03,$$

$$P(8,11) = \frac{4}{52} \times \frac{4}{51} = 0.006\ 03.$$

后两种得到 19 点的方法是先后拿到一张 A 和一张 8。这四种选择方式是互不相容的,所以用两张牌得到 19 点的概率是

$$P(19) = 0.024\ 13 + 0.024\ 13 + 0.006\ 03 + 0.006\ 03$$
$$= 0.060\ 32,$$

大约十六分之一。当然也可以通过三张或四张牌得到 19 点,所以在二十一点里得到 19 点的概率要大于这个值。如果是通过五张牌得到 19 点,那就是前面介绍的 five-card trick,且这一把牌要强过仅仅得到 19 点。

在赌场的二十一点游戏或者黑杰克里,发牌是从一副面朝下的牌一张接着一张发的。有些职业赌徒会算牌,他们能记住已经见过的牌,从而推断下一张牌的概率。考虑一个简单的例子,如果一副牌中前 20 张发出的牌里有一个 A,那么下一张牌是 A 的概率从 4/52 = 0.076 92 增加到 3/32 = 0.093 75。在一个聪明赌徒的手里,这些信息可以消除庄家的优势而变为玩家的优势,增加获胜的机会。赌场的经营者总是防范着算牌者,一旦发现就会将他们赶出去。

7.3　美国双骰子游戏中投掷者获胜的可能性

在美式双骰子游戏中,投掷者有很多不同的方式赢或输,可以一掷定输赢——掷到"a natural"获胜,或者掷到2(图7.2),3 或 12 输掉。然而,也有更复杂方法来决定输赢。我们将找出所有获胜方法的组合概率;这些方法是互不相容的,所以我们要识别所有获胜途径,找出它们的概率后相加。

我正走运 – 蛇眼

图 7.2　输掉美式双骰子游戏的两种可能

掷出"a natural"

该概率可在 2.5 节中找到,$P_{\text{natural}} = \dfrac{2}{9} = 0.222\,22$.

设定一个"点"4(或 10) 然后获胜

在 2.5 节中,获得 4 的概率是 1/12。投手投到一个 4 以后继续进行一系列的投掷。在设定一个"点"4 后,在接下来的投掷中,掷得点 4 则获胜,而掷得点 7 则算输。掷得点 4 的概率是 1/12,而掷得点 7 的概率是 1/6。在得到一个 7 之前得到 4 的概率是

$$\frac{4\text{ 的概率}}{4\text{ 的概率}+7\text{ 的概率}} = \frac{\dfrac{1}{12}}{\dfrac{1}{12}+\dfrac{1}{6}} = \frac{1}{3}. \tag{7.1}$$

类似地,得到一个 4 之前得到 7 的概率是

$$\frac{7\text{ 的概率}}{4\text{ 的概率}+7\text{ 的概率}} = \frac{\dfrac{1}{6}}{\dfrac{1}{12}+\dfrac{1}{6}} = \frac{2}{3}.$$

不过我们对这种概率并不直接感兴趣,因为我们在寻找**获胜**的全部概率。沿这条途径获胜有两个独立过程——首先设定一个"点"4,然后投出 4 获胜,其组合概率是

$$P_4 = \frac{1}{12} \times \frac{1}{3} = \frac{1}{36}.\tag{7.2}$$

由于此概率与设定"点"10 完全相同,我们有

$$P_{10} = P_4.\tag{7.3}$$

设定一个"点"5(或 9)然后获胜

在 2.5 节中,获得 5 的概率是 1/9。在设定一个"点"5 后,在接下来的投掷中,掷得点 5 则获胜,而掷得点 7 则算输。掷得点 5 的概率是 1/9,而掷得点 7 的概率是 1/6。相应获胜的概率是

$$\frac{5\text{ 的概率}}{5\text{ 的概率}+7\text{ 的概率}} = \frac{\frac{1}{9}}{\frac{1}{9}+\frac{1}{6}} = \frac{2}{5}.\tag{7.4}$$

沿这条途径获胜有两个独立过程——首先设定一个"点"5,然后投出 5 获胜,其组合概率是

$$P_5 = \frac{1}{9} \times \frac{2}{5} = \frac{2}{45}.\tag{7.5}$$

由于此概率与设定"点"9 完全相同,我们有

$$P_9 = P_5.\tag{7.6}$$

设定一个"点"6(或 8)然后获胜

在 2.5 节中,获得 6 的概率是 5/36。在设定一个"点"6 后,在接下来的投掷中,掷得点 6 则获胜,而掷得点 7 则算输。掷得点 6 的概率是 5/36,而掷得点 7 的概率是 1/6。相应获胜的概率是

$$\frac{6\text{ 的概率}}{6\text{ 的概率}+7\text{ 的概率}} = \frac{\frac{5}{36}}{\frac{5}{36}+\frac{1}{6}} = \frac{5}{11}.\tag{7.7}$$

先设定一个"点"6 随后投出 6 获胜的组合概率是

$$P_6 = \frac{5}{36} \times \frac{5}{11} = \frac{25}{396}.\tag{7.8}$$

由于此概率与设定"点"8 完全相同,我们有

$$P_8 = P_6. \tag{7.9}$$

把这些获胜的互不相容途径的概率加起来,投掷者获胜的总概率是

$$P_{\text{胜}} = P_{\text{natural}} + P_4 + P_5 + P_6 + P_8 + P_9 + P_{10}$$

$$= \frac{2}{9} + \frac{1}{36} + \frac{2}{45} + \frac{25}{396} + \frac{25}{396} + \frac{2}{45} + \frac{1}{36} = 0.492\,929.$$

因此庄家略占优势——这是营利性赌场经营任何游戏的必要条件。由于这个游戏是在庄家的控制下进行,投掷者押上与庄家相同数目的赌注,获胜者拿走全部赌注。庄家押 500 镑,投掷者押 500 镑,但投掷者平均收回 493 镑。那么庄家每 500 镑投资会得到 7 镑的利润——每次游戏 1.4% 的利润率很小,不过几乎可以保证长期赢利。

人人都来掷骰子

问题 7

7.1 下图是一个概率钉子球游戏,理论上类似于 7.1 节中描述的概率机器。

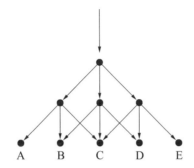

小球沿每条通道滑落的概率均是 1/3。最后落在各个用一个字母标识的杯子里的概率是多少? 如果每次开始要投币 10 便士,球落入 C 杯没有回报,落入 B 杯和 D 杯得 10 便士,落入 A 杯和 E 杯得 20 便士,试分析玩该机器的赢利或损失。

7.2 在二十一点游戏中两张牌拿到 20 点的概率是多少?

7.3 在美式双骰子游戏中,投掷者以下列途径输掉的概率是多少?

(i) 设定一个"点"4 随后掷出 7 输掉;

(ii) 设定某个"点"随后掷出 7 输掉。

第8章 英国国家彩票、灌铅骰子和轮盘赌博

当欺骗可以得到如此丰厚的回报时，你不必费尽心机去偷窃。

——阿瑟·休·克拉夫

（Arthur Hugh Clough，1819—1861）

8.1 公平需要验证

在 3.1 节中,我们定义了基于推理的**逻辑概率**,它在很大程度上受到对称性思想的影响。我们知道,如果掷硬币 100 次而出现 100 次正面朝上,则这枚硬币一定有问题。那么达到多大程度我们需要引起关注呢——100 次中有 90 次正面朝上,还是有 70 次或是有 60 次出现正面朝上? 毕竟硬币不可能有两个正面,但硬币本身可能是不均匀的或是有偏向的,这就会导致旋转这枚硬币时会出现大量的正面朝上。为了知道如何回答上述问题,我们先来考虑关于结果和期望的一个完全不同的问题。

在二战中,美国科学家致力于发展核弹。他们面对的一个急需解决的问题是,确定中子如何能够穿过屏障,但没有任何现成经验可以引导他们。一个与屏障中的一个原子核相互作用的中子可能不受影响,或者被吸收、或者被散射。这些可能的相互作用的概率依赖于中子的能量,这一点已为科学家们所知,但无法用来分析解决上述问题。这个问题最后被该研究项目中的两位科学家,乌拉姆(Ulam)和冯·诺伊曼(Von Neumann),用一种全新的数值方法解决了。他们可以预测一个中子在碰撞到一个原子核之前行进的平均距离,进而模拟中子通过屏障的路线。每次相互作用,他们用一个随机数的生成来决定该中子是不受影响,还是被吸收或被散射。如果是被散射,那么是向哪个方向散射,还有直到下一次相互作用之前能走多远。通过大量的这种模拟路径,他们可以确定中子穿透屏障的概率。随机数的生成和大多数的赌博游戏相类似,例如掷骰子和转轮盘,所以这种过程被称为蒙特卡罗(Monte-Carlo)方法。随着计算机的发明使得大样本的蒙特卡罗试验得以实现,这个方法已经应用到自然科学和社会科学的许多领域中。然而,这种方法成功的关键是生成的随机数是真正随机的!

英国政府发行的有奖债券是由英国国家福利机构发行的,依赖于随机数字生成的债券。这些债券按一个预定利率给付平均利息。不过这个利息不是作为回报支付给每个债券持有人,而是作为奖金付给某个特定债券号码的持有者。这些号码每个月由摇奖机(电子随机编号及指示装置)生成。目前的摇奖机使用由晶体管中产生的随机噪声控制一个振荡器,由该振荡器产生的输出可以被解释为数字和字母。用这种方式可以实现每小时生成一百万张随机债券号码。这个程序真实地产生了随机数,因为它基于完全不可预测的物理事件。不过就某些科学目的而言该程序并不合适。许多科学计算需要真正的随机数,而且还要求这些数能以一种可再重现的方式生成,即如果需要可以再次运行程序产生相同的随机数。基于这个原因,许多人花费了大量的精力来创造**伪随机数生成器**,利用某个可重复的数学过程产生一系列随机数。生产这样的生成器是相当困难的,且为了确保它的运行真的有效,一定要能够用某种方式来测试它的输出结果。

8.2　测试随机数

为了解释测试随机数生成器公正性的方法,我们考虑这样一个生成器,它能产生一串 0 到 9 之间的随机数。我们要测试的生成器的形式如下:

$$x_{n+1} = \text{Frac}\left\{ (x_n + \pi)^2 \right\},\qquad\qquad (8.1\text{a})$$

$$y_{n+1} = \text{Int}(10 \times x_{n+1}).\qquad\qquad (8.1\text{b})$$

现在我们来解释这个生成器。我们会得到一串小数:

$$x_1, x_2, x_3, \cdots,$$

其中 x_n 表示第 n 个小数。令这个小数等于 0.653 829 61,加上特殊数 $\pi =$ 3.141 592 65 后得到 3.795 422 26,然后平方得到 14.405 230 13,这就是方程 (8.1a) 花括号中所做的事情。然后取小数部分(方程中用 Frac 表示)得 0.405 230 13,这就是下一个小数 x_{n+1} 的值。现在来看等式 (8.1b),将 x_{n+1} 乘以 10 得到 4.052 301 3 然后取其整数部分(方程中用 Int 表示)得到 4,这就是 y_{n+1} 的值。然后继续这个过程可以从 x_{n+1} 生成 x_{n+2} 和 y_{n+2} 并且继续下去。一开始先要给随机数字生成器一个初始小数 x_0,称为种子。然后计算机就可以轻而易举地生成一长串数字。用相同的计算机和相同的种子可以生成相同的数字串。如果要得到不同的随机数字串,只需改变种子就可以了。

用一个简单的计算机程序以这种方式生成了 50 个数字,这些数字见表 8.1。

表 8.1　方程 8.1 描述的随机数字生成器生成 50 个数字的观察表

数字	0	1	2	3	4	5	6	7	8	9	共计
出现次数	2	8	10	4	2	1	7	7	6	3	50

每个数字平均出现的次数应该是 5 次,但是上表的结果明显在平均数上下有很大波动。我们是否可以仅根据这张表就认为这个随机数生成器是不令人满意的? 不能这么说。由于随机性,每个数字出现的次数不可避免地会不同。实际上,如果每个数字都正好出现 5 次,我们反而会很

意外,甚至会怀疑。我们需要一个客观的数值方法来判断由一个好的随机数生成器得到的随机数是否具有合理的概率值。因此,我们需要使用 6.2 节中描述药物有效性的测试 χ^2 检验。表 8.1 表示观察表 O,表 8.2 是期望表 E。

表 8.2　50 个具有均匀分布的数字的期望表 E

数字	0	1	2	3	4	5	6	7	8	9	共计
出现次数	5	5	5	5	5	5	5	5	5	5	50

现在,我们计算 χ^2 值,和式 6.1 不同的是,现在我们有 10 组数据而不是 4 组:

$$\chi^2 = \sum_{i=1}^{10} \frac{(O_i - E_i)^2}{E_i}$$

$$= \frac{(2-5)^2}{5} + \frac{(8-5)^2}{5} + \frac{(10-5)^2}{5} + \frac{(4-5)^2}{5}$$

$$+ \frac{(2-5)^2}{5} + \frac{(1-5)^2}{5} + \frac{(7-5)^2}{5} + \frac{(7-5)^2}{5}$$

$$+ \frac{(6-5)^2}{5} + \frac{(3-5)^2}{5}$$

$$= 16.4.$$

然而由于当前情形下的**自由度**不同,我们不能用表 6.1 得到概率。你可以回忆一下,根据 6.2 节,自由度是给定列的和数与行的和数时,可以在表中任意取值的数字个数。现在只有一行,行的和数是 50。有 10 个数字位置,直到填好 9 个位置时才能确定表格——所以此时自由度为 9。根据刊登的不同自由度的 χ^2 值表,我们在表 8.3 中给出自由度为 9 时的 χ^2 值表。

表 8.3　对应自由度 9 的 χ^2 分布概率

概率	0.50	0.30	0.20	0.10	0.05	0.025	0.02	0.01	0.005
χ^2	8.343	10.656	12.242	14.684	16.919	19.023	19.679	21.666	23.589

将我们计算出的 χ^2 值与上表进行比较可以发现,随机出现这个或者

更大的 χ^2 值的可能性仅有大约二十分之一。这就意味着这个随机数字生成器似乎值得怀疑。

用同样的随机数字生成器生成 1000 个数字的分布见表 8.4。

表 8.4　方程 8.1 描述的随机数字生成器生成 1000 个数字的观察表

数字	0	1	2	3	4	5	6	7	8	9	共计
出现次数	109	99	123	91	99	83	89	103	98	106	1000

对应的期望表中出现次数都将是 100,所以这个分布的 χ^2 值为

$$\frac{(9)^2}{100} + \frac{(-1)^2}{100} + \frac{(23)^2}{100} + \frac{(-9)^2}{100} + \frac{(-1)^2}{100} + \frac{(-17)^2}{100}$$

$$+ \frac{(-11)^2}{100} + \frac{(3)^2}{100} + \frac{(-2)^2}{100} + \frac{(6)^2}{100}$$

$$= 11.52.$$

该结果表明这个随机数字生成器很可能是可靠的,因为现在有四分之一的机会得到这个或者更大 χ^2 值。

方程(8.1a)里描述的步骤生成了在 0 和 1 之间具有均匀分布的一串小数,事实上有更复杂更有效的方法得到这样的小数串。用蒙特卡罗模型加上方程(8.1b),产生 1000 个具有均匀分布的随机数字,结果见表 8.5。

表 8.5　方程 8.1b 加上更专业的随机小数
生成器生成 1000 个数字的观察表

数字	0	1	2	3	4	5	6	7	8	9	共计
出现次数	99	94	98	104	92	85	102	101	115	110	1000

该分布给出 $\chi^2 = 6.76$,从表 8.2 我们发现有超过 50% 的随机性会得到这个或者更大的 χ^2 值。这个生成器就比前一个可信。

这里描述的测试随机数生成器的普遍原理也可以用来测试各种赌博机器的输出结果。

8.3 英国国家彩票

英国国家彩票的操作方法已经在 4.4 节中描述过了。在没有人为干预的情况下，一个旋转的鼓形圆桶随机射出编号为 1 至 49 的小球。用这种方式得到数字被认为是公平的。我们可以通过查看数字 1 至 49 被选中的频数来检验该方法是否真的公正。表 8.6 给出了彩票从发行到 2006 年 10 月 4 日所有相关数字的频数。

表 8.6　至 2006 年 10 月 4 日英国彩票获奖数字的频数

(1)134	(2)138	(3)133	(4)130	(5)131	(6)145	(7)147
(8)133	(9)144	(10)142	(11)151	(12)141	(13)115	(14)132
(15)125	(16)123	(17)132	(18)136	(19)146	(20)108	(21)125
(22)137	(23)152	(24)126	(25)155	(26)138	(27)143	(28)141
(29)137	(30)146	(31)149	(32)145	(33)147	(34)130	(35)141
(36)127	(37)127	(38)167	(39)129	(40)148	(41)111	(42)137
(43)158	(44)159	(45)141	(46)134	(47)156	(48)153	(49)135

在表 8.6 中我们首先注意到频数有很大的范围，从数字 20 出现的 108 次到数字 38 出现的 167 次。这可能让我们怀疑在数字选取中存在某种程度的瑕疵。为了进一步验证，我们需要做一个 χ^2 检验。每个数字的平均出现次数是 138.4；由于这个平均数是个小数，因而不可能是数字出现的频数，为了得到 χ^2 值可以取它作为式 (6.1) 中的期望值 E。在 χ^2 计算中有 49 项，我们在式 (8.2) 中只列出最初两项和最后两项：

$$\chi^2 = \frac{(134-138.4)^2}{138.4} + \frac{(138-138.4)^2}{138.4} + \cdots$$

$$+ \frac{(153-138.4)^2}{138.4} + \frac{(135-138.4)^2}{138.4} = 51.56. \qquad (8.2)$$

从发行到 2006 年 10 月 4 日的彩票中奖数字一共是 6780 个，要给定 48 个频数才能最后确定表格——这意味着这个显著性检验的自由度是 48。一般常用的 χ^2 表不会给出自由度 48 的概率，不过在网络上可以找到这些概率。自由度 48 对应的部分内容在表 8.7 给出。

表 8.7　自由度 48 的 χ^2 分布对应的概率

概率	0.50	0.25	0.10	0.05	0.025	0.01
χ^2	47.33	54.20	60.91	65.17	69.02	73.68

从表中可以看到,得到 $\chi^2 = 51.56$ 或更大 χ^2 值的概率大于 0.25,所以没有理由认为国家彩票中奖号码的产生过程存在任何形式的不公正。

这个例子表明,我们不能仅仅根据有关数字就轻易下结论,而应该进行客观的统计分析。如果没有做这样的分析,从 38 和 20 出现的频数差异我们可能会误认为这个抽奖系统有问题。然而,χ^2 检验说明事实并非如此,这种差异还是在正常的随机波动范围之内的。

8.4　使用灌铅骰子的美式双骰子游戏

在 7.2 节里已经算出在美式双骰子游戏中投掷者获胜的机会是 0.492 929,稍小于 0.5,所以庄家一定会获得很小的,但是长期来讲却有保证的收益。然而,假定骰子做了点手脚。例如在每个骰子里放一小块铅,如图 8.1 所示,位置在 1 点和 6 点(这两面是相对的)的中心连线上。

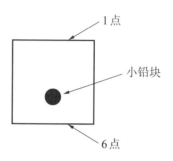

图 8.1　一个灌铅骰子

现在我们掷骰子就会略偏向出现铅块尽可能低的结果,即得到 1 的机会增加了,得到 6 的机会减少了。我们假设原来骰子六面出现的概率都是 $1/6 = 0.1666\cdots$,但现在概率是

$$P(1) = 0.175\,000, P(2) = P(3) = P(4) = P(5) = \frac{1}{6},$$

$$P(6) = 0.158\,333.$$

这样会造成哪些不同呢?

为了得到新的输赢的概率,我们要重复 7.2 节所作的分析。由于概率对所有面不再相同,分析略微复杂一点,不过原理是一样的。在每种情况中两个骰子得到两个特定数字组合的概率仍然是单个数字出现概率的乘积。

"a natural"的概率

这需要列出所有得到 7 的可能组合以及相应的概率。

6 + 1　1 + 6　　　$2 \times (0.1750 \times 0.158\,333) = 0.055\,416,$

5 + 2　4 + 3

3 + 4　2 + 5　　　$4 \times \left(\frac{1}{6} \times \frac{1}{6}\right) = 0.111\,111.$

因此,得到 7 的概率 $P_7 = 0.055\ 416 + 0.111\ 111 = 0.166\ 527$.

我们注意到,它小于均匀骰子得到 7 的概率 $\frac{1}{6}$ ($= 0.166\ 666\ 7$)。在下面的灌铅骰子概率的计算中,相对应的均匀骰子的概率将在括号中给出。

得到 11 的可能组合以及相应的概率:

$$6 + 5 \quad 5 + 6 \qquad 2 \times \left(0.158\ 333 \times \frac{1}{6}\right) = 0.052\ 778\,(0.055\ 556).$$

"a natural" 的概率是

$$P_{\text{natural}} = 0.166\ 527 + 0.052\ 778 = 0.219\ 305\,(0.222\ 222).$$

设定一个"点"

设定一个"点"4 然后获胜

$$3 + 1 \quad 1 + 3 \qquad 2 \times \left(\frac{1}{6} \times 0.1750\right) = 0.058\ 333,$$

$$2 + 2 \qquad \frac{1}{6} \times \frac{1}{6} = 0.027\ 778.$$

因此 $P_4 = 0.058\ 333 + 0.027\ 778 = 0.086\ 111\,(0.083\ 333)$.

那么,在得到 7 之前掷到 4 的概率是

$$\frac{P_4}{P_4 + P_7} = \frac{0.086\ 111}{0.086\ 111 + 0.166\ 527} = 0.340\ 847\,(0.333\ 333).$$

要"点"4 获胜需要两步,首先建立"点",然后获胜。实现这独立的两步的概率是

$$P_{w4} = 0.086\ 111 \times 0.340\ 847 = 0.029\ 351\,(0.027\ 777\ 8).$$

设定一个"点"5 然后获胜

$$4 + 1 \quad 1 + 4 \qquad 2 \times \left(\frac{1}{6} \times 0.1750\right) = 0.058\ 333,$$

$$2 + 3 \quad 3 + 2 \qquad 2 \times \left(\frac{1}{6} \times \frac{1}{6}\right) = 0.055\ 556.$$

因此 $P_5 = 0.058\ 333 + 0.055\ 556 = 0.113\ 889\,(0.111\ 111)$.

那么,在得到 7 之前掷到 5 的概率是

$$\frac{P_5}{P_5 + P_7} = \frac{0.113\ 889}{0.113\ 889 + 0.166\ 527} = 0.406\ 143\,(0.400\ 000).$$

实现这独立的两步的概率是

$$P_{w5} = 0.113\ 889 \times 0.406\ 143 = 0.046\ 255(0.044\ 444).$$

设定一个"点"6 然后获胜

$$5+1 \quad 1+5 \qquad\qquad 2 \times \left(\frac{1}{6} \times 0.1750\right) = 0.058\ 333,$$

$$4+2 \quad 2+4 \quad 3+3 \qquad 3 \times \left(\frac{1}{6} \times \frac{1}{6}\right) = 0.083\ 333.$$

因此 $P_6 = 0.058\ 333 + 0.083\ 333 = 0.141\ 666(0.138\ 889)$.

那么,在得到 7 之前掷到 6 的概率是

$$\frac{P_6}{P_6 + P_7} = \frac{0.141\ 666}{0.141\ 666 + 0.166\ 527}$$
$$= 0.459\ 667(0.454\ 545).$$

实现这独立的两步的概率是

$$P_{w6} = 0.141\ 666 \times 0.459\ 667 = 0.065\ 119(0.063\ 131).$$

设定一个"点"8 然后获胜

$$6+2 \quad 2+6 \qquad\qquad 2 \times \left(\frac{1}{6} \times 0.158\ 333\right) = 0.052\ 778,$$

$$5+3 \quad 3+5 \quad 4+4 \qquad 3 \times \left(\frac{1}{6} \times \frac{1}{6}\right) = 0.083\ 333.$$

因此

$$P_8 = 0.052\ 778 + 0.083\ 333 = 0.136\ 111(0.138\ 889).$$

然后,在得到 7 之前掷到 8 的概率是

$$\frac{P_8}{P_8 + P_7} = \frac{0.136\ 111}{0.136\ 111 + 0.166\ 527} = 0.449\ 749(0.454\ 545).$$

实现这独立的两步的概率是

$$P_{w8} = 0.136\ 111 \times 0.449\ 749 = 0.061\ 216(0.063\ 131).$$

设定一个"点"9 然后获胜

$$6+3 \quad 3+6 \qquad 2 \times \left(\frac{1}{6} \times 0.158\ 333\right) = 0.052\ 778,$$

$$5+4 \quad 4+5 \qquad 2 \times \left(\frac{1}{6} \times \frac{1}{6}\right) = 0.055\ 556.$$

因此 $P_9 = 0.052\,778 + 0.055\,556 = 0.108\,334(0.111\,111)$.

那么,在得到 7 之前掷到 9 的概率是

$$\frac{P_9}{P_9 + P_7} = \frac{0.108\,334}{0.108\,334 + 0.166\,527}$$
$$= 0.394\,141(0.400\,000).$$

实现这独立的两步的概率是

$$P_{w9} = 0.108\,334 \times 0.394\,141 = 0.042\,699(0.044\,444).$$

设定一个"点"10 然后获胜

6 + 4 4 + 6	$2 \times \left(\frac{1}{6} \times 0.158\,333\right) = 0.052\,778,$
5 + 5	$\frac{1}{6} \times \frac{1}{6} = 0.027\,778.$

因此 $P_{10} = 0.052\,778 + 0.027\,778 = 0.080\,556(0.083\,333)$.

那么,在得到 7 之前掷到 10 的概率是

$$\frac{P_{10}}{P_{10} + P_7} = \frac{0.080\,556}{0.080\,556 + 0.166\,527}$$
$$= 0.326\,028(0.333\,333).$$

实现这独立的两步的概率是

$$P_{w10} = 0.080\,556 \times 0.326\,028 = 0.026\,264(0.027\,777\,8).$$

在掷骰子游戏中投掷者获胜的概率是

$$P_{胜} = P_{natural} + P_{w4} + P_{w5} + P_{w6} + P_{w8} + P_{w9} + P_{w10}$$
$$= 0.490\,209.$$

尽管看上去这个概率值与均匀骰子下投掷者的获胜概率 0.492\,929 没有多大的差异,但是事实上两者的差异是非常大的。现在投掷者下 500 英镑的赌注得到的回报是 490 英镑,所以庄家下 500 英镑的赌注得到的利润就是 10 镑,每次押注的利润是 2.0%,而不是使用均匀骰子时的 1.4%。其中的利润率增长了 43%!

8.5 验证灌铅骰子

掷骰子游戏中在骰子中灌点铅使得 1 点出现的机会稍高一些,这在一两百次的投掷里似乎不容易被注意到。然而,正如我们在上一节中看到的,它会大大增加庄家的利润率。那么如果我们怀疑骰子灌了铅,要怎样验证呢? 最直接的方法是投掷这个骰子很多次,看每个点数出现的频率是否相等。问题是即使骰子是均匀的,其频率也会有随机波动,就像表 8.5 所示的用完全公正的随机数字生成器生成的随机数那样。要确定骰子是否灌铅,我们不得不使用客观的测试,如 χ^2 检验。我们可以从**零假设**出发,假设骰子是均匀的,投掷骰子很多次,得到 1 至 6 点的出现频率,然后验证得到的分布对于一枚均匀的骰子来说是不可能的。

为了模拟灌铅骰子投掷很多次的情形,我们将使用一个高质量的随机数生成器,它服从 0 至 1 的均匀分布。每次得到的数字解释为骰子的一次投掷结果:

在 0.000 000 到 0.175 000 之间,等于投出 1 点(概率 0.175 000)

在 0.175 000 到 0.341 667 之间,等于投出 2 点(概率 0.166 667)

在 0.341 667 到 0.508 333 之间,等于投出 3 点(概率 0.166 667)

在 0.508 333 到 0.675 000 之间,等于投出 4 点(概率 0.166 667)

在 0.675 000 到 0.841 667 之间,等于投出 5 点(概率 0.166 667)

在 0.841 667 到 1.000 000 之间,等于投出 6 点(概率 0.158 333)

这样得到 1 的概率是 0.175 000, 得到 6 的概率是 0.158 333,得其他数字的概率是 1/6,相当于 8.4 节中所考虑的骰子。

生成 600 个随机数,并且转化成等价的骰子点数,其结果对应表 8.8 第一行数值。

表 8.8　多次投掷一枚灌铅骰子的仿真

投掷总次数	E	1	2	3	4	5	6	χ^2
600	100	114	93	100	81	107	105	6.80
3000	500	551	493	487	498	504	467	7.86
15 000	2500	2628	2471	2505	2510	2512	2374	13.35
45 000	7500	7832	7513	7536	7485	7508	7126	33.58

在均匀骰子零假设下,每个数字的期望频数在标号为 E 的列中给出。实际频数在 81 至 114 之间变动。可以仿照 6.2 节那样算出 χ^2 值,不同的是骰子有 6 个面而不是 10 个数字,所以自由度是 5。自由度 5 的部分概率在表 8.9 中给出。

掷 600 次骰子的 χ^2 值为

$$\chi^2 = \frac{(114-100)^2}{100} + \frac{(93-100)^2}{100} + \frac{(100-100)^2}{100}$$

$$+ \frac{(81-100)^2}{100} + \frac{(107-100)^2}{100} + \frac{(105-100)^2}{100}$$

$$= 6.80.$$

表 8.9　自由度 5 的 χ^2 分布对应的概率

概率	0.50	0.30	0.20	0.10	0.05	0.025	0.02	0.01	0.005
χ^2	4.351	6.064	7.289	9.236	11.070	12.832	13.388	15.086	16.750

由表 8.9 可以发现,均匀骰子有约 25% 的机会得到这个或更大的 χ^2 值。这次检验并没有证据说明骰子有偏差。现在假设投掷次数增加到 3000,数字 1 出现次数显然高于其他数字,但是,7.86 或更大的 χ^2 值对应略小于 0.2 的骰子为均匀的概率。所以这次验证也不能确认骰子不均匀。

投掷 15 000 次后骰子灌铅的证据就明显了。13.35 或更大的 χ^2 值对应均匀骰子的概率仅有 1/50。所以,我们可以确信这枚骰子灌了铅。不过,45 000 次的投掷和 $\chi^2 = 33.58$ 则可以完全确定这枚骰子灌铅了。

在 45 000 次投掷时不同数字出现的比例是

1　0.1740　　2　0.1670　　3　0.1675　　4　0.1663

5　0.1668　　6　0.1584,

这相当接近于期望值。大规模的检验不仅可以发现骰子灌铅,还可以很好地估计出灌铅处。

8.6 轮盘赌博

在欧洲赌场有一种轮盘,在它的边缘环形凹槽处平均分布着 37 个编有号码的狭槽。当轮盘快速转动时,向轮盘中投入一个铁球,它会不断弹起,直到最终落入某个狭槽中。狭槽的标号是从 0 到 36,在轮盘转动时有多种下注方式。可以押 36 个非 0 数字的其中之一,如果球落在这个数字处,下赌注者将得到的赔率为 35∶1,即他可以得到 36 倍的下注金额;也可以押单数或双数,赔率是 1∶1;还有押 6 个数字的组合,赔率是 5∶1。如果轮盘上只有 1 至 36 的数字,那么赌场和下赌注者就是在公平的情况下进行游戏了。然而,平均每 37 次轮盘转动会有一次球落在 0 处,此时赌场将收走所有赌注,这就是赌场的利润。

美国用的标准轮盘要比欧洲用的利润更大,因为它不仅有 0 号狭槽还有 00 号狭槽,这两者都对应赌场收走所有赌注(图 8.2)。

图 8.2 有 0 号和 00 号的美国轮盘

轮盘如果是稍稍偏心的,球落在 0 处的机会将增大。球通常是铁制的,0 处用磁铁也会使球偏向 0,不过这种伎俩很容易被发现所以不再使用。为了验证轮盘的公正性,轮盘必须旋转很多次。从公正性观点出发只要考虑两类数字——0 和非 0。

假设某个轮盘 0 出现的频数大于它应该出现的频数的 10%。这一点能否在 3700 次旋转轮盘后被发现呢? 在轮盘公正的零假设下,观察表和期望表如下所示:

观察表	0	非 0
	110	3590

期望表	0	非 0
	100	3600

这两张表对应的 χ^2 值是 1.028,对应自由度 1(表 6.1),该 χ^2 值并不能明确说明轮盘有偏差。然而,如果在 37 000 次旋转中 0 出现了 1100 次,χ^2 值将是 10.28,得到这个或更大的 χ^2 值的机会只有千分之一,这说明轮盘显然有偏差。

只要赌场向地方或国家登记营业,就应当受到监管,下赌注者可以相信设备是公正的,没有偏差的。

问题 8

8.1 投掷一枚骰子 600 次,不同面的出现次数如下:

1	2	3	4	5	6
112	113	81	109	101	84

根据这个测试,骰子不均匀的概率是否超过 90%?

注:这个问题是问,用均匀骰子得到相应或更大的 χ^2 值的概率是否小于 10%?

8.2 一个严重偏差的骰子得到不同面的概率如下:

1	2	3	4	5	6
$\frac{1}{4}$	$\frac{1}{6}$	$\frac{1}{6}$	$\frac{1}{6}$	$\frac{1}{6}$	$\frac{1}{12}$

投掷者得到"a natural"的概率是多少?

8.3 在一个欧洲轮盘的 370 次旋转中 0 出现了 20 次,有理由怀疑该轮盘有偏差吗?

第9章 框图

变化是生活的调味品,它使生活丰富多彩。

——威廉·柯珀(William Cowper,1731—1800)

9.1 多样性几乎无处不在

自然界大多数物种表现出多样性。有句谚语是**"他们就像一个豆荚里的两颗豌豆！"**，但是当你仔细观察同一豆荚里的豌豆时就会发现，它们在大小、质量或者表面斑点上不尽相同。尤其是人类，日常经验告诉我们所有的人都各不相同。同卵双胞胎的 DNA 构成是一样的，但就算是最相似的双胞胎也会在某些小特征上有所不同。事实上我们都来自自然界，同样由大自然养育，无论我们的基因继承了什么，我们生存发展的环境和生活经历都会影响我们的特征。某个人在基因上倾向于长得很高，但是如果他的饮食不合理，他就不会长到他的基因所提供的高度。人与人之间既有物理上的不同，也有非物理上的不同。比如人可以有很多不同的性情，可以很平静，很激动，很高兴，很忧郁。正如威廉·柯珀（William Cowper）在本章开头的引言中所说，变化使得生活丰富多彩。

非物理特征通常可以用定性方式描述，不过很难甚至不可能用定量方式描述。乔可能很冲动，吉姆深思熟虑后再行动，约翰介于他们两人之间，但是这些性格如何用数值来描述呢？相对而言，物理特征则容易以定量方式进行描述。我们可以说高、矮或者中等身高，不过我们也可以给出他们的实际测量身高。一个 1.91 米$\left(6\text{ 英尺 }3\frac{1}{4}\text{ 英寸}\right)$的男性在欧洲被认为是高个，但对于卢旺达的瓦图齐人来说就只是中等身高了，很多瓦图齐人有 2.1 米（接近 7 英尺）高。这个例子提醒我们，像高矮这类与比较有关的术语只在背景是已知的情况下才有意义。用刚果的侏儒标准来衡量欧洲的矮个就可能不矮，甚至很高；欧洲的高个在卢旺达就不那么高了。但是数值无论在哪里都是同样的意思。

多样性不仅仅人类有，其他动物、植物、地理特征如河流的长度等，都具有多样性。只有科学家研究的对象就其本质属性而言是相同的。例如，所有同类型的原子粒子是相同的。我们无法区分两个电子。如果可以区分的话，整个物质世界将会完全不同，我们将很难甚至无法系统地描述物质世界。尽管我们完全确信原子微粒的存在，但是我们看不见它们。

在我们能看见的东西里任何两件都是不一样的,无论它们粗看上去多么类似,在某种精度下它们就会显现出不同。我们通常只是留意到多样性的存在,但是,尤其是在人类世界里,多样性可以变得极其重要,甚至具有商业意义。

9.2　制鞋商

一个制鞋商靠生产鞋子卖给批发商来谋利,批发商靠将鞋卖给零售商来谋利,零售商靠将鞋卖给顾客来谋利。这个链条的最后一环是顾客,满足顾客的需要是整个生意成功的关键。如果一位顾客来到鞋店却找不到适合他/她尺码的鞋,那么生意就失败了。营利性企业的另一个不利因素是如果某个特定尺码的鞋子产量过多,就会堵塞资金链,因为这对应着无收益的资金占用。因此,所有人都希望每一特定尺码鞋子的数量要与需要该尺码鞋子的顾客数大致相当。

让我们来考虑男鞋。如果可以知道社区里每个男性的鞋子尺码,那么每种尺码鞋子的需求比例也就知道了。尽管这是不可行的,不过有一种过程叫**抽样法**(将在第 14 章详细描述),可以用来得到每个尺码相对需求量的近似值。我们注意到在男鞋店里大多数鞋是 6 号(英国尺码)到 13 号,该范围之外的鞋很少。极端的尺码,至少大尺码可以在专售特殊衣物的大城市的商店里买到,而满足顾客这种需求的费用通常相当高。然而,在正常的商业范畴内,明显有效的做法是,生产不同尺寸男鞋的数量使其与成年男性实际脚码的需求量成比例。稍有些理想化的英国的这一比例值在表 9.1 中给出,从 6 号鞋到 13 号,以 1/2 为一级。

表 9.1　英国男性鞋子尺码(6 到 13)所占的比例

鞋的尺寸	比例	鞋的尺寸	比例
6	0.0004	10	0.1761
6½	0.0022	10½	0.1210
7	0.0088	11	0.0648
7½	0.0270	11½	0.0270
8	0.0648	12	0.0088
8½	0.1210	12½	0.0022
9	0.1761	13	0.0004
9½	0.1995		

表 9.1 给出需求的每个尺码鞋子所占比例的基本信息,不过详细的数据还要长期研究,以评价尺码范围的各种需求变化。图 9.1 是描述整体需

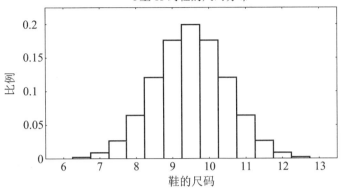

图 9.1　男鞋尺码分布的直方图

求的一张更直观的图,相同的信息以框图(**直方图**)的形式给出,方块的长
度表示相应尺码鞋子的需求比例。

图 9.1 显示的对称钟形分布在自然界定量分析中经常出现。因为在
刻度极大端和极小端的数量很少,钟形分布很普遍,尽管它并不一定要求
是对称的。不过,除了钟形分布之外还可能有其他形状的分布。

9.3 直方图形

图9.2是一个非钟形直方图,它给出了5年间每个月安大略省特伦顿市夜间的平均云量——天文学家对此很感兴趣。

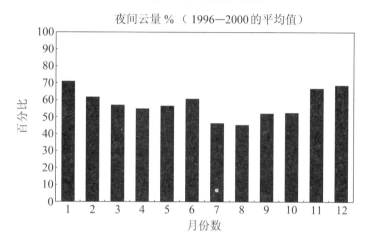

夜间云量 %(1996—2000的平均值)

图9.2 安大略省特伦顿市的平均云量的月度偏差

尽管这张图看上去与代表鞋子尺码的直方图很不一样,不过还是有某些相似之处。月份一年一次循环,以1月份作为一年的开始只是随意决定的。如果以8月份作为开始重画图9.2,那么8月到1月的云量稳定增加,随后稳定减少直到4月。5月、6月的云量增强,破坏了钟形图。事实上,我们称这个云量直方图是双峰分布,即在1月和6月有两次峰值出现。

云量分布的双峰性不是很明显,有些情形具有更明显的双峰分布。在美国黄石公园有个自然奇观,称为老忠实泉(图9.3)。

这个喷泉很准时,不过有时也有些变化。它的喷发时间间隔在65分钟到92分钟之间,大多数情况下接近92分钟,将14 000升至32 000升沸腾的水喷到30米至55米的高度。每次喷发的持续时间不同,一般在1.5分钟到5分钟之间。图9.4给出不同喷发持续时间相对应的次数的直方图,其中持续时间以1/3分钟为间隔。这意味着,第一个区间是1.5分钟

图 9.3　美国黄石公园的老忠实泉

到 1.833 分钟,第二个是 1.833 分钟到 2.167 分钟,依此类推。图 9.4 中的相对频率明显呈双峰形。大多数喷发持续 2 分钟或 4 分钟,持续 3 分钟

黄石公园的老忠实泉的喷发

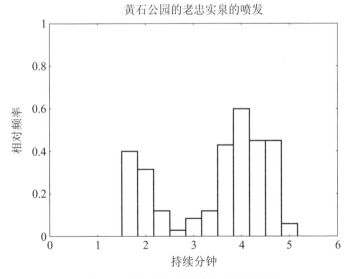

图 9.4　老忠实泉喷发持续时间的分布

的喷发相当稀少。

当然,也会出现其他形状的直方图,不过很少。大多数自然界中的分布呈现出钟形或双峰形。

9.4 高个儿与矮个儿

图 9.1 中的钟形直方图来自鞋子的尺寸,变量是离散的——即仅出现特定值。没人制造 9.35 号的鞋子,如果你需要的鞋子不是标准尺码,你就要另外花钱定做。然而,也有连续的变量,如高度、体重等,现在我们来看如何用直方图表示连续变量。在研究老忠实泉喷发的持续时间时我们已经用了直方图,持续时间被分成了间隔为 1/3 分钟的区间。

根据高度给人取绰号是很普遍的,尤其是在军营、学校和车间等地方。1.91 米 $\left(6 \text{ 英尺 } 3\frac{1}{4} \text{ 英寸}\right)$ 高的人被叫做"高个儿",而 1.62 米(5 英尺 4 英寸)高的人被叫做"矮个儿"。有时会故意说反话,称矮个子为"高个儿"却称高个子为"矮个儿",不过这里要说明的是,高度的极端值通过某种方式被突出了。大多数人的高度在两者之间,所以无法给他们一个和身高有关的有特色的绰号——比如"中等个儿"因为这可以用在大多数人身上。

一个人说自己的身高时一般会精确到厘米或 1/4 英寸,不过这只是一个近似值。如果一个人说他的身高是 1.76 米,实际上这表示他的身高接近 1.76 米而不是接近 1.75 米或 1.77 米。事实上他给出的身高暗指他的高度在 1.755 米和 1.765 米之间。图 9.5 给出了这种暗示的根据。

图 9.5　身高 1.76 米的实际身高范围

我们现在考虑这样一个问题:"随机选择一个成年英国男性,身高正好是 1.76 米的概率是多少?"如果从很严格的科学角度讲,这个问题是没有意义的,因为尽管可能有数名男子身高在 1.7599 米和 1.7601 米之间,但可能没有人身高**正好**是 1.76 米。如果我们问的是在某个身高范围内(比如在 1.755 米和 1.765 米之间)的概率,那么这个问题就有意义了。

如果可以测量所有英国成年男性的身高,然后给出以 1 厘米身高为间隔的比例,我们就会得到如图 9.6 的一张直方图。

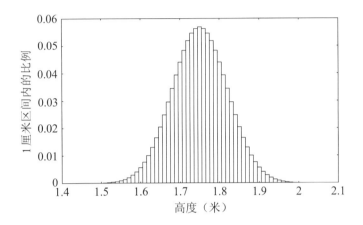

图 9.6　以 1 厘米为间隔的英国男性身高比例的直方图

我们注意到图 9.6 在外观上比图 9.1 要光滑,这种光滑性依赖于我们对直方区间大小的选取。例如,在图 9.7 中我们描述同样的高度分布,但是以 0.5 厘米为间隔,结果图 9.7 显然比图 9.6 还要光滑。

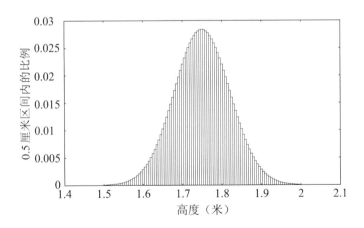

图 9.7　以 0.5 厘米为间隔的英国男性身高比例的直方图

我们注意到图 9.7 中直方的长度要小于图 9.6。因为直方更窄了,同样是 1.75 米高度的人,以 0.5 厘米为区间时,他们的数量显然只是以 1 厘米为区间时数量的一半。

当区间取得越来越小时,沿着边界的锯齿形状就会越来越细小。下一章我们将讨论区间小到极限(理论上的 0)时会发生什么事。

问题 9

9.1 英国女装的号码通常是从 6 到 26，间隔为 2。除了极少数不在该范围内的人以外，每种尺寸对应女性的比例是：

号码	6	8	10	12	14	16	18	20	22	24	26
比例	0.07	0.10	0.15	0.20	0.16	0.13	0.09	0.04	0.03	0.02	0.01

画一张直方图表示这张表。商店规定同样款式不同尺寸的价格要一样。如果商店只进 8 到 18 号的货，所花成本会下降，且每卖出一件衣服的利润会增加 20%。那么为了股东的利益，是否应当缩小进货号码的范围？

第 10 章　正态（高斯）分布

正是在那个正常和常见的特征上面装饰着奇怪而有害的东西。

——亨利·詹姆斯（Henry James，1843—1916）

10.1 概率分布

让我们设想一下,在图 9.6 和 9.7 所示的男性身高的分布中将区间取得越来越窄,曲线就会越来越光滑。最后我们得到一个完全光滑的分布,就像图 10.1 那样。然而,你会注意到这个分布与图 9.6 和 9.7 所表示的分布相比,有一个很重要的不同之处。当我们缩窄图 9.6 的区间得到图 9.7 时,柱图的长度会下降,最大长度从大约 0.057 变为大约 0.028。或许你会问,为什么在表示无限窄区间对应的情形时,最大长度会达到 7 左右。这是如何产生的?

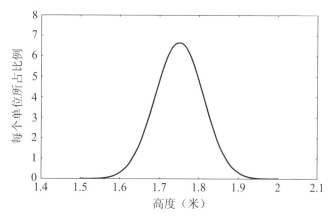

图 10.1　无限小区间对应的高度分布

我们回到图 9.1 并解释所看到的,这样可以最好地理解原因了。对应 $9\frac{1}{2}$ 号尺码的直方柱长 0.1995 表示需要该尺码鞋子的人所占的比例。另一种思考方式是,如果我们从所有的鞋子里随机拿一双鞋,它正好是 $9\frac{1}{2}$ 号的概率是 0.1995。类似地,对应 10 号(还有 9 号)的直方柱的长度是 0.1761,这也是随机拿到 10 号(9 号)鞋的概率。我们现在来回答这个问题:"随机地拿一双鞋,它是 9 号、$9\frac{1}{2}$ 号或 10 号其中之一的概率是多少?"因为结果是互不相容的,即选定一个号码就否定了另两个号码,那么答案就是将三种尺码鞋子对应的直方柱的长度相加——即 0.1761 + 0.1995 + 0.1761 = 0.5517。沿着这个思路,现在我们问随机拿一双鞋子,它的尺码在 6 到 13 之间的概率是多少。这要将图 9.1 中所有直方柱的长度相加,答案是 1,可以从表 9.1 验证这个答案。概率 1 意味着"一定";所有鞋的尺码都在 6 到 13 之间,随机拿取的鞋的尺码一定在这些尺码中。

我们用这种方法来解释直方图的柱长,图 9.6 和 9.7 描绘了英国男性身高的分布。每张图的直方柱长度的总和必须是 1,但是由于图 9.7 直方柱数是图 9.6 的两倍,所以平均上讲,图 9.7 的直方柱的长度应该是图 9.6 的一半。

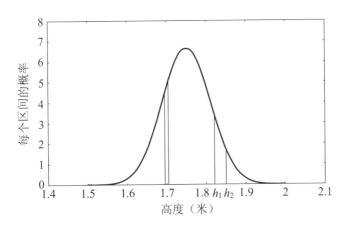

图 10.2　图 10.1 的分布中以 1.70 为中心 0.01 为宽度的窄带

图 10.1 中的连续曲线不含有其长度代表概率的直方柱,这就要用不同的方式来考虑。在图 10.2 中在 1.7 米高度处标出了一条宽 0.01 米的窄带。这条窄带覆盖了从 1.695 米到 1.705 米的身高,随机选出的男性身高在这个范围内的概率就是该窄带的**面积**,而不是以前柱状图中的长度。因此,随机选出的男性身高在 h_1 和 h_2 之间的概率就是曲线在这两者之间形成的面积,如图 10.2 所示。沿着这个思路,随机选出的男性身高在 1.40 米和 2.10 米之间的概率是曲线下方的所有区域的面积,一定是 1 或者非常接近于 1,因为除了极个别人之外的几乎所有人的身高都在这个范围之内。为了验证这一点,图 10.3 中用网格覆盖了曲线,每个小网格

的面积是0.1(长1×宽0.1)。某些网格可能完全在曲线下方,而某些网格有一部分在曲线下方,这时就要对每个网格在曲线下方的区域所占的比例作出估计,精确到0.1。把所有这些网格数相加,得到10,再乘以0.1(每个小网格的面积),得到曲线下方区域的面积是1。

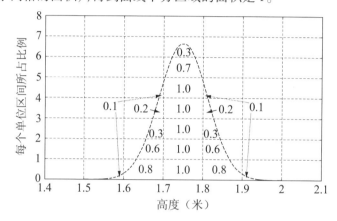

图10.3　曲线下方网格的计数,精确到0.1

10.2 正态分布

图 10.1 给出的对称钟形分布在自然界常常出现。它的数学形式最早由约翰·卡尔·弗雷德里希·高斯(Johann Carl Friedrich Gauss, 1777—1855)作了详细描述,然后广为人知。他因为某些原因丢弃了他教名中的约翰,所以通常被称作卡尔·高斯(图 10.4)。法国数学家亚伯拉罕·棣莫弗(Abraham De Moivre,1667—1754)于 1733 年第一次在数学论文中用到了钟形分布,不过当时没有人意识到它会有如此广泛的应用。

图 10.4 卡尔·弗雷德里希·高斯

现在称这种分布为**正态分布**,物理学家也称它为**高斯**分布,其性质引起了统计学家很大的兴趣。由于其对称形式,显然曲线峰值的出现处对应着平均值(**均值**)。曲线的展开也是很有意思的。为了举例说明,图 10.5 给

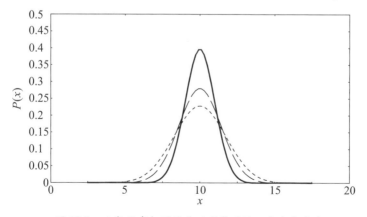

图 10.5 三条具有相同均值不同展开的正态分布曲线

出了三条具有相同均值不同展开的正态分布曲线。

由于曲线下方的区域面积等于 1，那么如图所示，曲线横向展开越大，曲线的高度就越低。我们现在要知道的是，图 10.5 所示的不同曲线如何都能被描述为正态曲线。

10.3 方差和标准差

显然,描述图 10.5 中这些曲线的不同之处要用到某些与值的横向展开相关的数值量。为了说明这一点,我们考虑下面两组数,每组包含 7 个数:

集合 A 7 8 9 10 11 12 13

集合 B 1 6 9 10 11 14 19

每组数的总和相同,都是 70,所以每组数的均值相同,都等于 10(70/7)。现在我们将集合中的每个数与均值的差的平方加起来。以集合 A 为例。

集合 A		7	8	9	10	11	12	13
与均值(10)的差		-3	-2	-1	0	1	2	3
差的平方		9	4	1	0	1	4	9

我们注意到 -3 的平方和 3 的平方是一样的。差的平方和是 28,对 7 个数来讲,差的平方的平均值是

$$V = \frac{28}{7} = 4.$$

这个描述一组数的离散程度的量 V 称为**方差**,它的平方根称为该组数的**标准差**,一般用希腊字母 σ 表示。这里我们有

$$\sigma_A = \sqrt{V} = \sqrt{4} = 2.$$

对集合 B 重复上述过程:

集合 B	1	6	9	10	11	14	19
与均值(10)的差	-9	-4	-1	0	1	4	9
差的平方	81	16	1	0	1	16	81

方差 $V = (81 + 16 + 1 + 0 + 1 + 16 + 81)/7 = 196/7 = 28$,因此

$$\sigma_B = \sqrt{V} = \sqrt{28} = 5.29.$$

标准差 σ_A 和 σ_B 度量了两组数的离散程度,显然集合 B 要比集合 A 展开得更大。

现实中的正态分布可能来自大量的数据,甚至多达几百万个,这些数据形成的分布函数会有一个标准差。事实上,图 10.5 所示的三种分布的方差分别是 1、2 和 3,对应的标准差分别是 1、$\sqrt{2}$和 $\sqrt{3}$。

10.4　正态分布的性质

正态分布的一个重要性质是本质上它们具有相同的形状。你可能在看图 10.5 时会怀疑这一点,这三条曲线明明有不同的形状! 要理解所有正态曲线**本质上**具有相同形状这个说法的含义,我们来看图 10.6,它给出了一条正态曲线,离均值两侧各 σ, 2σ 和 3σ 处分别用直线标出。曲线下方区域总面积是 1,这是一条合理分布曲线的必要条件。不论标准差多少,**所有**正态分布的特征是:

$$-\sigma \text{ 到 } +\sigma \text{ 之间的面积是 } 0.6826,$$
$$-2\sigma \text{ 到 } +2\sigma \text{ 之间的面积是 } 0.9545,$$
$$-3\sigma \text{ 到 } +3\sigma \text{ 之间的面积是 } 0.9973。$$

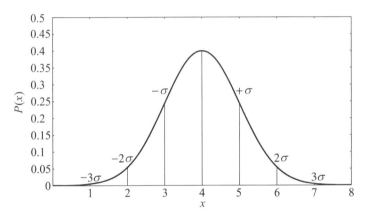

图 10.6　在 $\pm\sigma$, $\pm2\sigma$ 和 $\pm3\sigma$ 处有直线的正态曲线

现在我们来讨论这意味着什么? 如果某个特定变量服从正态分布,随机取定一个值与均值正负相差 σ 以内的概率是 0.6826。由于曲线下方的总面积是 1,可以说随机取定一个值与均值正负相差 $\boldsymbol{\sigma}$ **以上**的概率是 $1-0.6826=0.3174$,大约为三分之一。同样随机取定一个值与均值正负相差 $\boldsymbol{3\sigma}$ **以外**的概率是 0.0027,大约 $\dfrac{1}{400}$ 的机会。在统计学家的术语里,曲线超出某个特定限制以外的部分叫做分布的**尾部**。

在统计工作中经常要求出正态曲线从均值到标准差的某个特定倍数

之间区域的面积。表 10.1 给出了从均值到四倍标准差之间(以 0.1σ 为间隔)单向区域的面积。

表 10.1　正态分布从均值到 *n* 倍标准差区域的面积

N	0.0	1.0	2.0	3.0	4.0
0.0	0.0000	0.3413	0.477 25	0.498 65	0.499 97
0.1	0.0398	0.3643	0.482 14	0.499 03	
0.2	0.0793	0.3849	0.486 10	0.499 31	
0.3	0.1179	0.4032	0.489 28	0.499 52	
0.4	0.1554	0.4192	0.491 80	0.499 66	
0.5	0.1915	0.4332	0.493 79	0.499 77	
0.6	0.2257	0.4452	0.495 34	0.499 84	
0.7	0.2580	0.4554	0.496 53	0.499 89	
0.8	0.2881	0.4641	0.497 44	0.499 93	
0.9	0.3159	0.4713	0.498 13	0.499 95	

我们举个例子说明这张表的使用,如果我们要知道从均值到标准差的 1.7 倍之间区域的面积,就看标着 1.0 的列和标着 0.7 的行相交处的数,面积是 0.4554。

图 10.1 所示的男性身高分布的均值为 1.75 米,标准差为 0.06 米(6 厘米)。那么,随机选取一位男性,他的身高高于 1.90 米 $\left(\text{等于 6 英尺}\right.$ $2\frac{3}{4}$ 英寸 $\left.\right)$ 的概率可以通过身高 1.90 米离均值 15 厘米或 2.5σ 而得到。在表 10.1 标 2.0 的列中第六个数是 0.493 79,它就是曲线从均值到 2.5σ 之间的面积。曲线下总面积的一半是 0.5,所以在 2.5σ 以外的面积是 0.5 − 0.493 79 =0.006 21,这就是随机选取一名男性身高高于 1.9 米的概率。如果一个镇子里有 30 000 名成年男性,其中将会有 30 000 × 0.006 21 = 186 人的身高高于 1.9 米。另一方面,高度 1.6 米(5 英尺 3 英寸)比平均高度低 2.5σ,该镇上将同样有 186 人身高低于 1.6 米。

10.5 一些必要的数学

10.5.1 特殊常数

一个经常在数学中出现的数是**指数 e**

$$e = 2.718\ 281\ 828.$$

它看上去是个相当任意的数,但是在数学和科学中多次自然而然地出现。很难对一个非数学工作者解释这个数如何以及为什么会自然地出现,但是它就出现了。定义 e 的一种方法是给出等式

$$\varepsilon = \left(1 + \frac{1}{n}\right)^n \tag{10.1}$$

然后令 n 非常大,事实上是无穷大。下面我们给出 ε 从 $n=2$ 开始增加到最后的 1 000 000 时的值。

n		ε
2	$(1+0.5)^2$	$= 2.250\ 000$
5	$(1+0.2)^5$	$= 2.488\ 320$
10	$(1+0.1)^{10}$	$= 2.593\ 742$
20	$(1+0.05)^{20}$	$= 2.653\ 298$
50	$(1+0.02)^{50}$	$= 2.691\ 588$
100	$(1+0.01)^{100}$	$= 2.704\ 814$
200	$(1+0.005)^{200}$	$= 2.711\ 517$
500	$(1+0.002)^{500}$	$= 2.715\ 569$
1000	$(1+0.001)^{1000}$	$= 2.716\ 924$
10 000	$(1+0.0001)^{10\ 000}$	$= 2.718\ 146$
1 000 000	$(1+0.000\ 001)^{1\ 000\ 000}$	$= 2.718\ 280$

当 n 的取值越来越大时,ε 就越来越接近 e。

就像 e 不是一个一般数一样,还有另一个经常出现的数,我们用希腊字母 π 表示:

$$\pi = 3.141\ 592\ 654$$

通常它表示圆的周长与直径的比。在方程(8.1)描述的简单随机数生成器中就用到了 π。

10.5.2 幂运算

取幂次在数学中相当普遍,用式(10.1)求 e 的近似值时就用到了幂运算。例如我们知道 2 的平方是 4,2 的立方是 8,用数学式表示就是

$$2^2 = 2 \times 2 = 4, \quad 2^3 = 2 \times 2 \times 2 = 8.$$

符号 2^2 表示 2 的平方,2^3 表示 2 的立方。数学上我们可以有 $2^{2.3}$,它不能用来表示 2 乘以自身有限次。要理解它的意思,第一步要知道:

$$2^2 \times 2^3 = (2 \times 2) \times (2 \times 2 \times 2) = 32 = 2^5,$$

或更一般的式子

$$x^a \cdot x^b = x^{a+b}. \tag{10.2}$$

在一般式中取 $x = 2$,$a = 2$ 和 $b = 3$ 就得到了特殊式。事实上,这个结果可以推广到 x 的多个幂次相乘,例如可以得到幂次乘积的第一条定律

定律 1 $$x^a \cdot x^b \cdot x^c \cdot x^d = x^{a+b+c+d}. \tag{10.3}$$

现在我们考虑当一个数的幂次再做幂运算时会得到什么。下面的例子是取 2 的平方的立方,

$$(2^2)^3 = (2 \times 2) \times (2 \times 2) \times (2 \times 2) = 2^{2 \times 3} = 2^6.$$

一般化得到第二条定律

定律 2 $$(x^a)^b = x^{a \times b}. \tag{10.4}$$

现在我们来解释分数次幂的意思。例如,由定律 1

$$2^{\frac{1}{3}} \times 2^{\frac{1}{3}} \times 2^{\frac{1}{3}} = 2^1 = 2.$$

所以 $2^{\frac{1}{3}}$ 是 2 的立方根,即 3 个自身相乘结果是 2 的数。一般化我们有

$$x^{\frac{1}{n}} \text{ 是 } x \text{ 的 } n \text{ 次方根}, \tag{10.5}$$

即 n 个自身相乘结果是 x 的数。

有了上述信息,我们现在可以开始解释 $2^{2.3}$ 的意思了。根据定律 2 有

$$2^{2.3} = (2^{23})^{\frac{1}{10}},$$

它是 2^{23} 的 10 次方根。事实上,用科学计算器可以算出 $2^{2.3}$ 是4.9246。

最后有个特殊情况。使用定律 1 我们发现:

$$x^a \cdot x^0 = x^{a+0} = x^a.$$

所以有 $x^0 = 1$。这是绝对正确的,任何有限数的 0 次幂等于 1!

我们已经确定,任意正数可以求任意次幂,幂次可以是分数也可以是 0。不必担心其运算,用计算器或计算机很容易就能算出来。

10.6　正态分布的形式

描述正态分布的公式里含有 e 的幂次，形如 e^x。然而，当 x 本身就是一个很复杂的函数时，用 e^x 形式表示就会很难看。为了解决这个问题，可以记

$$e^x = \exp(x). \tag{10.6}$$

用这种符号，可以表示均值为 $\bar{x}$，标准差为 σ 的变量 x 的正态分布，

$$P(x) = \frac{1}{\sqrt{2\pi\sigma^2}}\exp\left\{-\frac{(x-\bar{x})^2}{2\sigma^2}\right\}. \tag{10.7}$$

如果 x 表示高度，平均高度 $\bar{x}=1.75$ 米，标准差 $\sigma=0.06$ 米，就对应着图 10.1 所示的曲线。在"exp"前面的乘积因子确保了曲线下方区域的面积是 1。

10.7 随机误差与系统误差

当一位科学家通过实验来得到光的速度时,他要做很多次测量,然后结合这些测量值以得到他所求的量。例如测量光的速度可能包括测量距离和时间,而这些测量都会有相应的误差。误差可能很大,也可能很小,甚至非常微小,不过无论科学家如何仔细,总会存在**一些**误差。不同测量中的误差——在某些实验中可能存在很多——它们共同对变量的估计值产生一个误差。现在,我们假设科学家重复做了很多次实验(实际中可能没有这样做),得到了大量的估计值。这些估计值服从高斯分布,均值接近于变量的真实值,标准差依赖于每次测量的精确度。如果所有测量都做得很精确,那么标准差会很小;如果个别测量的误差很大,那么标准差也会很大。

另一个涉及误差的过程是在测绘中对基线的测量。为了绘制一张地图,必须测量一条可能有几公里长的基线,这样才能得到绘图过程中所需要的正确比例。测量基线的传统方法是用钢卷尺。卷尺的长度在基线的整个跨度里被重复划出,每段长度对应着固定在地面上的金属板上的刻线。卷尺悬挂在地面上方,两端固定在支架上,调整支架使两端处于同一水平位置。由于重力,卷尺不是笔直的,而是像悬链线那样略向下弯曲,所以一定要做一些修正。考虑到这个过程的复杂性,这里的测量以惊人的精度进行。在早期所使用的标准链长 100 英尺,每 20 英尺有木制的水平保险支撑。它被用在印度的一次伟大测绘中,这次测绘在 19 世纪初由英国军队执行,陆军上校乔治·埃佛勒斯完成,人们用他的名字来命名了世界上的最高峰[1]。长达 7 到 10 英里的基线的测量可以精确到 1 英寸,大约百万分之二。对组成该基线的几百根单链长度的每次测量,会有一个很小的误差,这种误差时正时负。这些误差的和构成了基线测量中的总误差,显然,正负误差会有某些程度的抵消。不过,如果测量基线很多次,得到的估计值将服从正态分布,均值接近于正确值,标准差将达到 1

---

[1] 埃佛勒斯峰,我国称为珠穆朗玛峰。——译者

英寸的量级。

在上述对误差的讨论中，我们假设测量误差是随机的，且为正为负的可能性是相同的。然而，有时这种假定并不正确。假设在基线测量中所用的钢卷尺或者标准链被拉长了，有时它们的确会变长。现在用标准链量出来的100英尺，实际上要更长一些，所以总长度被少算了，这与其他的随机误差无关。用拉长了的标准链测量总基线，如果测量很多次可以得到估计值所服从的正态分布，其标准差依赖于随机误差的大小，其均值要小于真实值。这类均值的误差称为**系统误差**。

假设现在只有随机误差，如果测量所得是 X，其估计的标准差是 σ（在课本中通常被称为**标准误差**），那么真实值在 $X+\sigma$ 和 $X-\sigma$ 之间的概率就是 0.6826，在 $X+2\sigma$ 和 $X-2\sigma$ 之间的概率就是 0.9545，与正态分布一样。

10.8 正态分布的一些例子

10.8.1 电灯泡

白炽灯泡是一种很普通很便宜的商品,大批量地生产。它们在特性上不可避免地存在偏差,人们最关注的是它们的寿命。如果嫌换灯泡麻烦,人们会更多地选择长寿命的较贵的灯泡而不会是便宜的短寿命的灯泡,不管每小时的相对价值是多少。

我们现在考虑特定的一组灯泡,平均寿命 1000 小时,标准差 100 小时。假设灯泡寿命服从正态分布,那么某个特定灯泡的寿命大于 1200 小时的概率是多少? 由于 1200 小时比均值大 2σ,我们考虑正态分布曲线大于均值 2σ 部分的面积。从表 10.1 可知,离均值 2σ 处到均值之间的面积是 0.477 25,所以到均值处的距离超过 2σ 的尾部区域的面积是 0.5 − 0.477 25 = 0.022 75。所以寿命超过 1200 小时的灯泡的比例大约是 $\frac{1}{45}$。

同样,寿命低于 800 小时的灯泡也占这个比例。

如果我们买的灯泡只亮了 700 小时,我们能否抱怨呢? 不一定,在数百万只卖出的灯泡中不可避免会有一些灯泡提前坏掉。如果我们买到了寿命非常长的灯泡,我们也不会冲到店里去多付一笔钱。此外,我们还要考虑使用的方式,因为经常开灯关灯会有热量冲击灯泡,这也会缩短它的寿命。佛罗里达迈尔斯堡的博物馆为了纪念在 1879 年发明第一个实用白炽灯泡的发明家托马斯·爱迪生(Thomas Edison)(1847—1913),博物馆里至今还亮着一个最早的灯泡。这个灯泡从没有熄灭过。

10.8.2 手推车上的人和未被利用的资源

偶然地,一则关于一个病人被留在医院走廊推车上几个小时的新闻震惊了英国新闻媒体。显然,国民医疗服务制度没有充分起到作用,不恰当而且失败。这时,就算是一张通俗小报也能让你相信这一点。

健康服务的供给很复杂,因为事实上其需求是间歇性的,不可预料的。一次寒流或者流感会导致老年人住院人数大量增加。尽管这些偶然事件发生的时间无法预料，但它们随时会发生，所以要预先做好准备。我们来分析一下，假定一家医院有1000张病床。长时间估计下来，任意一天床位的平均需求量是900张，标准差是50。现在，假设（不确定的）日床位需求服从正态分布，我们考虑下列问题：

（a）每年平均有多少天，医院无法提供足够的床位？

如果床位需求超过1000张，那么这个需求就比均值大2σ。在灯泡例子中我们得到均值处的距离超过2σ的单个尾部面积是0.022 75，故医院无法提供足够床位的天数为$365 \times 0.022 75$，最接近的整数天数是8天。有些时候多出来的病人可以安排到临近医院去，不过如果所有当地医院都满员了，使用医院推车这类权宜之计就是必然的。

（b）每年平均有多少天，医院床位占有率低于90%？

由于床位的90%是900，这是平均需求量，显然50%的天数，即每年183天，医院的资源没有被充分利用。由于在某些职业条例中规定不能用解雇和聘用员工的方式来配合需求波动，所以这时会出现系统的效率不高。

这就是一个给波动的需求提供资源的问题。如果需求是不变的，那么资源就可以设计成正好匹配需求，每个需求都会被满足，资源也可以最经济的方式提供。所有的问题都只是关于优先权的问题。床位增加到1050，无法提供足够床位的天数降到每两年1天，同时会有每年246天医院的某些床位被闲置，包括有些员工也闲置。经营者有不同方法去尝试优化医院的效率，在医院间转移病人可以让一家医院多出来的病人使用其他医院的闲置床位，这已经在前面提到过了。短期聘用临时医生也是一种可能方法，不过临时医生要比长期医生贵很多。

医院必须面对的实际问题比上面讲的还要糟糕，需求会由于某些紧急事件突然猛增，例如流行病暴发、火车碰撞或者恐怖袭击。医院准备工作的细致程度也很重要，例如提供重病特别护理非常昂贵而且这类床位有限。有些时候医院可能有其他空床位，不过不是需要的类型。

我们在举例说明医院接待能力问题中所用的正态分布，并不适用于描述极端且迅速波动的需求。手推车上的病人的新闻非常值得报道，对病人本身和他的家属来讲,该情况的统计数据没有太大的价值。然而,这些新闻会被列入官方议程讨论,那些没有直接卷入事件的人因此能够用一个客观的视角,知道医院所面对的本质问题是如何提供服务。在医疗系统中投入足够的资金可以将医院建得**能**满足每一个需求,或者相反,确保多余能力最小化,即医院**可以**经济地运作,不过两者不能兼得。就是说,这只是一个选择问题,无关好坏。

问题 10

10.1　求下面这些数的集合的均值、方差和标准差：

$$2\quad 4\quad 6\quad 7\quad 8\quad 10\quad 12$$

10.2　以 3^n 形式给出结果：

（i）$3^2 \times 3^4 \times 3^5$；

（ii）$(3^3)^4$；

（iii）$(3^{13})^{1/10}$.

10.3　某日报的日平均销量是 52 000，标准差 2000。一年中有几天销量：

（i）低于 47 000？

（ii）高于 55 000？

第 11 章 统计——数值数据的收集和 分析

许多的人,没有人能数得过来。

——《新约·启示录》

11.1　过多的信息

一位卫生部长想查看每年出生婴儿的体重以了解从国家整体来看婴儿的出生体重是否有显著的增长趋势。地区卫生局记录了本地区所有婴儿的出生体重。每个地区都向卫生部长上交了一份婴儿出生体重的完整数据列表。现在卫生部长拥有了像大型电话号码簿一样大尺寸的有着大约七十五万个数字的文件。她迅速翻看文件,看到的是 3.228 kg、2.984 kg、3.591 kg 等体重列表。她只是确认了她先前已经得到的信息,即大部分婴儿的出生体重是在 3 kg 左右,或者稍重一些。

一个有用的数值是这些体重的平均值。如果由每个地区提供的这些信息记录在 CD 或其他可供电脑输入的电子媒体上,那么我们就可以很快找到平均值。每年的平均值可以进行比较以考察是否有某种趋势存在。另一个令人感兴趣的量是这些体重的离散程度,它通常用婴儿出生体重的标准差或方差表示(10.3 节)。同样,如果这些信息是电子格式的,那么标准差或方差也很容易被求出。

实际上,地区卫生局没有必要把本地区所有婴儿的出生体重都发送过来。地区婴儿的出生体重和全国婴儿的出生体重都服从正态分布。如果每个地区仅汇报本地区出生婴儿的总数、他们的平均体重和他们体重的标准差(或方差),这就已经给出了该地区婴儿出生体重的完整描述。为了说明如何将地区的数据整合成全国的数据,我们必须做一些计算。

11.2　计算方差的另一种方法

在 10.3 节中,我们将一组数据的方差描述成:**每个数与这些数平均值的差的平方的平均值**。尽管这绝对正确,且我们已经用该方法算出了分布 A 和 B 的方差,不过这样的描述还是有些挑战大家的想象力。只需用一点数学运算,方差也可以表述为:**平方的平均值减去平均值的平方**。我们现在用该方法计算 10.3 节给出的集合 A 和 B 的方差,以此来检验该方法是否能给出我们以前得到的结果。

集合 A	7	8	9	10	11	12	13
平方	49	64	81	100	121	144	169

平方的平均值是

$$\overline{x^2} = \frac{49+64+81+100+121+144+169}{7} = 104. \tag{11.1}$$

注意使用的符号 $\overline{x^2}$。上方的横线表示"平均",所以 $\overline{x^2}$ 表示 x^2 的平均值,而集合 A 里的每个数就是这里的 x。我们以前已经算出集合 A 的平均值,用 $\bar{x}$ 来表示,是 10,所以方差是

$$V = \overline{x^2} - \bar{x}^2 = 104 - 10^2 = 4, \tag{11.2}$$

该值和我们以前算得的值相同。类似地,对于集合 B,

集合 B	1	6	9	10	11	14	19
平方	1	36	81	100	121	196	361

平方的平均值是

$$\overline{x^2} = \frac{1+36+81+100+121+196+361}{7} = 128, \tag{11.3}$$

同样,平均值是 10,所以方差是

$$V = \overline{x^2} - \bar{x}^2 = 128 - 10^2 = 28, \tag{11.4}$$

和以前算得的结果相同。

现在我们可以用该结果来考虑如何将地区出生婴儿体重的数据转化为全国出生婴儿体重的数据。

11.3 从地区统计量到国家统计量

我们现在考虑某个地区,用字母 j 表示,该地区出生的婴儿数用 N_j 表示,平均体重用 $\overline{w_j}$ 表示,体重的方差用 V_j 表示。根据我们最新的方差定义,

$$V_j = \overline{w_j^2} - \overline{w_j}^2. \tag{11.5}$$

我们发现通过移项

$$\overline{w_j^2} = V_j + \overline{w_j}^2. \tag{11.6}$$

这表示对于每一地区,既然我们已经知道 V_j 和 $\overline{w_j}$,我们就可以算出 $\overline{w_j^2}$。

现在我们需要求出所有地区婴儿的平均出生体重和婴儿体重平方的平均数。婴儿的平均出生体重是

$$\overline{w_{all}} = \frac{\sum_{j=1}^{M} N_j \, \overline{w_j}}{\sum_{j=1}^{M} N_j}. \tag{11.7}$$

求和符号 $\sum$ 在式(3.2)中已经解释过了。项 $N_j \overline{w_j}$ 表示的是地区 j 所有出生婴儿的体重之和,然后对所有地区的该项求和给出全国该年出生婴儿的体重之和(在英国这个数字大概是 2000 吨)。式(11.7)中的除数是出生婴儿的总数,所以用婴儿的出生体重总和除以婴儿总数给出的是整个国家婴儿的平均出生体重。

通过完全类似的过程,我们可以得到婴儿体重平方的平均值。它是

$$\overline{w_{all}^2} = \frac{\sum_{j=1}^{M} N_j \, \overline{w_j^2}}{\sum_{j=1}^{M} N_j}. \tag{11.8}$$

式(11.8)等号右侧的上方是全国所有婴儿的体重的平方和,除以全国婴儿总数,得到体重平方的平均数。

现在把 $\overline{w_{all}}$ 和 $\overline{w_{all}^2}$ 整合起来,我们可以求出所有婴儿出生体重的方

差是:

$$V_{all} = \overline{w_{all}^2} - \overline{w_{all}}^2. \qquad (11.9)$$

卫生部长现在只需要将各地区的信息进行整合,求出出生婴儿的总数、他们的平均体重和他们体重的方差——且每个地区只需要递交这三个数据就可以了。在表11.1中,我们给出了这样一个假想数据练习的结果。第四列表示的是每个地区婴儿出生体重的标准差(方差的平方根)。

第三列和第五列最后一行的平均数是分别通过式(11.7)和(11.8)求得的。

该表格直接给出了出生婴儿的总数700 641,和他们的平均体重3.059 87 kg。体重的方差是:

$$V = \overline{w_{all}^2} - \overline{w_{all}}^2 = 9.424\ 592 - (3.059\ 87)^2$$

$$= 0.061\ 787\ 5\ kg^2.$$

表 11.1　不同地区出生的婴儿体重的数据

地区	数量	$\overline{w}$(kg)	σ(kg)	$\overline{w^2}$(kg^2)
南	66 296	3.062	0.251	9.438 845
东南	108 515	2.997	0.239	9.039 130
西南	64 621	3.185	0.267	10.215 514
西	76 225	3.002	0.224	9.062 180
中	93 496	2.996	0.250	9.038 516
东	41 337	3.099	0.231	9.657 162
东北	104 212	3.101	0.237	9.672 370
西北	82 358	3.011	0.226	9.117 197
远北	37 362	3.167	0.219	10.077 850
外部岛屿	26 219	3.178	0.220	10.148 084
平均值(和)	(700 641)	3.059 87		9.424 592

与其对应的标准差是

$$\sigma = \sqrt{V} = 0.2486\ kg.$$

卫生部长现在有她需要的信息了。

英国国家统计局收集并分析涉及健康、经济、人口、就业和商业等不同国家活动的统计数据。它的很多分析都是基于正态分布的假设,但是还有其他类型的分布,这就是我们即将讨论的内容。

问题 11

11.1 利用式(11.2)求出问题 10.1 中数据集合的方差。

11.2 某地区四所学校给出了有关自己学校 11 岁男生的身高信息如下。

学校	学生数	平均身高	标准差
1	62	1.352 m	0.091 m
2	47	1.267 m	0.086 m
3	54	1.411 m	0.089 m
4	50	1.372 m	0.090 m

该地区 11 岁男生的平均身高和标准差是多少?

第 12 章　泊松分布与被马踢死的骑兵

生活只因两件事而美好：发现数学与教授数学。

　　　　　　——泊松（Simeon-Denis Poisson，1781—1840）

12.1　小概率事件

虽然正态分布是迄今为止最为重要的自然发生的分布,但是还存在其他一些相当重要的分布,我们现在就描述其中之一。

图 12.1　西梅翁-德尼·泊松

西梅翁-德尼·泊松(Simeon-Denis Poisson,1781—1840)(图 12.1)是法国数学家兼物理学家,他的贡献涵盖了诸多领域,是 19 世纪当之无愧的数学巨匠之一。1837 年,他撰写了一篇论文,其标题译为英文是“*Research on the Probability of Criminal and Civil Verdicts*”(关于刑事与民事判决中概率问题的研究),在文中他详述了现在被称为泊松分布(Poisson distribution)的内容。虽然这一分布再也没有醒目地出现在他的其他任何数学出版物中,但事实证明它在解决许多现实生活中的统计问题时有着举足轻重的作用。

为了说明泊松分布的应用,让我们考虑在一条宁静的乡村道路上进行交通流量调查的问题。我们决定将时间分割成以一分钟为单位的时间段,并记录每个时间段汽车经过的数量。在 1 小时内记录下的 60 个数据是

0 0 1 0 1 0 1 2 1 0 0 1 1 0

```
1 1 0 2 0 0 0 0 1 3 1 0 1
0 0 0 1 1 2 1 0 1 1 1 0 0
0 0 1 2 1 1 0 0 0 0 0 3
0 1 1 2 0 0 1 0 1 2 0 1
```

这些结果可以用直方图来表示(如图 12.2),图中反映了不同汽车经过数所对应的时间段。

每一分钟时间段内汽车的经过数很少——许多时间段内为零,略少一些的时间段内为 1,更少的时间段内为 2,极少的时间段内为 3。泊松建立的现在被称为泊松分布的理论就是用来解释此类情景中频率的变化。我们还可以用另一情景来说明这种分布的数学本质,在此类情景中试验次数(上例中的时间段)很大,而每次试验中事件发生的次数(汽车经过数)却很小。

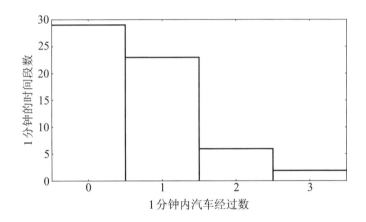

图 12.2 一条宁静的乡村道路上每分钟汽车经过数的直方图

12.2 打一份手稿

我们考虑用打字机打出 100 页的手稿这一任务。作为人类,自然容易出错。虽然一个优秀的打字员每页的平均出错量很少,但偶尔还是会出现打字错误。校对之后发现每页的错误量如下:

错误量	0	1	2	3	4	5	大于 5
页 数	30	36	22	9	2	1	0

图 12.3 中的直方图表示了这一分布。

我们首先可以得到的是每页的平均错误量。总的错误量是

$$(30 \times 0) + (36 \times 1) + (22 \times 2) + (9 \times 3) + (2 \times 4) + (1 \times 5)$$
$$= 120,$$

从而,每页的平均错误量是

$$a = \frac{120}{100} = 1.2.$$

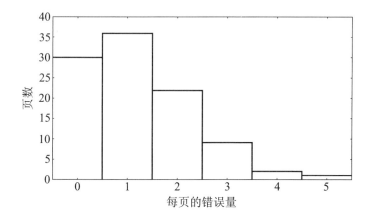

图 12.3 存在特定打字错误量的页数

泊松分布由平均值 a 完全确定。从没有错误的页数开始,我们将它乘以 a 得到

$$30 \times a = 36,$$

这是存在一个错误的页数。

现在,我们将存在一个错误的页数乘以 a 再除以 2

$$36 \times a \div 2 = 21.6.$$

离它最近的整数是 22,即存在两个错误的页数。

现在,我们将存在两个错误的页数乘以 a 再除以 3

$$22 \times a \div 3 = 8.8.$$

离它最近的整数是 9,即存在三个错误的页数。

现在,我们将存在三个错误的页数乘以 a 再除以 4

$$9 \times a \div 4 = 2.7.$$

离它最近的整数是 3,但实际上存在四个错误的页数是 2。这里计算与观察得到的数据不完全一致,有部分原因在于对计算所得的值取了最近的整数。

现在,我们将存在四个错误的页数乘以 a 再除以 5

$$3 \times a \div 5 = 0.7.$$

离它最近的整数是 1,即存在五个错误的页数。

虽然这里给出了由一连串因式相连的存在不同错误量的页数,但能有一个明确的公式给出存在具体错误量的页数会更好。

12.3　泊松分布公式

在泊松分布的数学形式表述中,当平均值为 a 时,事件(一页中存在的错误,一分钟内经过的汽车)发生 r 次的情况所占的比例[1]是

$$F(r) = \frac{e^{-a}a^r}{r!}. \qquad (12.1)$$

公式上方的两项在 10.5 节中已给出了解释,下方的一项是在 4.1 节中叙述过的 **r 的阶乘**。

让我们看看当平均每页的错误量为 1.2 时如何用这个公式计算打字员的出错情况。利用计算器可求得 $e^{-a} = e^{-1.2} = 0.3012$. 因为我们已经知道 $1.2^0 = 1$ 且 $0! = 1$,于是,存在零个错误的页数所占的比例为

$$F(0) = \frac{e^{-1.2} \times 1.2^0}{0!} = 0.3012.$$

因为总共有 100 页,取最近的整数,其中的 30 页将是正确无误的。

存在一个错误的页数所占的比例为

$$F(1) = \frac{e^{-1.2} \times 1.2}{1!} = 0.3614, 即有 36 页存在一个错误。$$

类似地,

$$F(2) = \frac{e^{-1.2} \times 1.2^2}{2!} = 0.2169, 即有 22 页存在两个错误。$$

$$F(3) = \frac{e^{-1.2} \times 1.2^3}{3!} = 0.0867, 即有 9 页存在三个错误。$$

$$F(4) = \frac{e^{-1.2} \times 1.2^4}{4!} = 0.0260, 即有 3 页存在四个错误。$$

$$F(5) = \frac{e^{-1.2} \times 1.2^5}{5!} = 0.0062, 即有 1 页存在五个错误。$$

存在四个错误的页数再次有所出入,这归因于数的取整——不可能有 36.14 页存在一个错误。

像所有合理的分布给出的概率一样,所有可能结果的概率之和必定

---

[1]　就是事件发生 r 次的概率。——译者

为1——也就是说,完全可以肯定上面的例子中还有一些其他结果。于是,我们可以写作

$$F(0) + F(1) + F(2) + F(3) + F(4) + F(5) + F(6) + \cdots = 1.$$

$$(12.2)$$

上式左边有无限多项。由于从 $F(6)$ 起以后各项的概率没有计算在内,所以打字错误的问题中从 $F(0)$ 到 $F(5)$ 的概率之和为 0.9984。

为了获得对泊松分布的直观感受,现在我们在图 12.4 中给出了平均值分别为 0.5 和 3.0 的分布直方图。

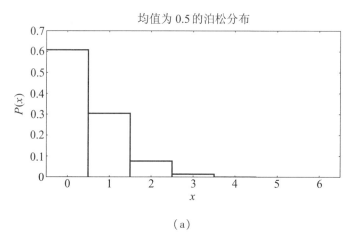

（a）

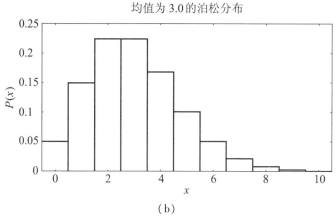

（b）

图 12.4　（a）均值为 0.5 的泊松分布；（b）均值为 3.0 的泊松分布

12.4   被马踢死的人

最著名的泊松分布的应用之一是由俄国统计学家拉迪斯劳斯·博特基维茨(Ladislaus Bortkiewicz,1868—1931)(图 12.5)提出的。

图 12.5   拉迪斯劳斯·博特基维茨

19 世纪末,骑兵部队是多数军队的一个组成部分,在骑兵部队内间偶尔会有人被马踢死。博特基维茨对普鲁士军队的 10 个骑兵部队在 1875 到 1894 这 20 年间的此类死亡情况进行了记录,并对此进行了统计分析。表 12.1 显示了他从这 200 骑兵部队一年①中获得的信息。

表 12.1   200 骑兵部队一年中被马踢死的人数统计

每个部队每年的死亡人数	部队一年数
0	109
1	65
2	22
3	3
4	1
大于 4	0

———————————

① 10 个部队乘以 20 年得到的。——译者

博特基维茨指出,每个部队每年的此类死亡人数服从泊松分布。根据他的计算可得总死亡人数为

$$65 \times 1 + 22 \times 2 + 3 \times 3 + 1 \times 4 = 122.$$

因此每个部队每年的平均死亡人数为 $\frac{122}{200} = 0.61$.

式(12.1)给出了事件(死亡)发生 r 次的情形所占的比例,因此,由平均值可以预计每年无人死亡的骑兵部队数是

$$N(0) = 200 \times \frac{e^{-0.61} \times 0.61^0}{0!}$$

$$= 108.7$$

或者四舍五入到最近的整数 109。这恰好等于表 12.1 中的数据。类似地,将四舍五入后得到的整数结果写在括号里,得

$$N(1) = 200 \times \frac{e^{-0.61} \times 0.61^1}{1!} = 66.3\,(66)\,,$$

$$N(2) = 200 \times \frac{e^{-0.61} \times 0.61^2}{2!} = 20.2\,(20)\,,$$

$$N(3) = 200 \times \frac{e^{-0.61} \times 0.61^3}{3!} = 4.0\,(4)\,,$$

$$N(4) = 200 \times \frac{e^{-0.61} \times 0.61^4}{4!} = 0.6\,(1)\,.$$

这些结果与表 12.1 中数据的相似性显而易见。事实上,χ^2 检验表明我们通过计算得出的期望值与博特基维茨观察得到的数据没有显著差异。

泊松分布在生活的许多领域都很重要,我们接下来给出另外两个例子。

12.5 泊松分布的另一些例子

12.5.1 飞弹袭击伦敦

第二次世界大战末期,德国人设计了一种主要用来轰炸伦敦以及英国东南部地区的武器,被称为飞弹。它是一种小型无人驾驶的飞行器,由一个简易的冲压式喷气发动机驱动,时速 575 公里,射程 240 公里。它们由斜面式发射架指向伦敦发射,当燃料耗尽时落向地面,威力相当于含有 1 吨爆炸物的炸弹。在发射的 8600 枚飞弹中,大约有一半穿过了防御阵地,其余的则被高射炮和战斗机击落。

显然,这是一种很不精密的武器,它们的成功依赖于目标物有足够大的尺寸从而不易射偏。它们受制于无法预期的顺风、逆风和侧风,因而落点遍布于伦敦各地。基于炸弹的落点趋向集中的猜测,当时决定对伦敦的炸弹落点进行统计试验。将伦敦划分为边长 0.5 公里的 576 个正方形,并记录每个正方形内落下的炸弹数。结果如表 12.2 所示。

表 12.2　伦敦 1/4 平方公里的正方形区域内飞弹落下的数量

炸弹数	正方形数	泊松分布
0	229	227.5
1	211	211.3
2	93	98.1
3	35	30.4
4	7	7.1
5	1	1.3

在此期间落下的炸弹总数为

$$211 \times 1 + 93 \times 2 + 35 \times 3 + 7 \times 4 + 1 \times 5 = 535.$$

因此每个正方形内炸弹的平均数等于 $535/576 = 0.9288$。表 12.2 的最后一列是利用泊松分布得到的期望值。它们与观察值之间的相似性很明显,且 χ^2 检验表明两者之间无显著差异。这一分析不支持炸弹集中坠落的猜测。

12.5.2 疾病的群发

医疗权威机构常常会关注特殊疾病的群发现象。若某种疾病(如睾丸癌)在某一特定地区的发生率比预计的要高,则就要寻找当地环境中的致病因素——特殊的工业流程或杀虫剂的使用。让我们考虑一个假想的例子。

已知一种青年罹患的疾病发生的频率为每 100 000 人中有 2.2 人。一座拥有 50 000 名青年的城市中查出 8 位青年患有此病。是否有理由认为这是显著的群发现象?

50 000 名青年对应的期望值是 1.1,因此我们无疑要关注该平均值下的泊松分布。为了检验结果超出期望值的显著性,我们求出**实际结果以及所有更加极端的结果**出现的总概率——也就是,患病人数为 8,9,10,11,…,直到无穷大的概率之和。由式(12.2)可知,泊松分布中所有事件发生的概率之和为 1,因此,我们可以从 1 中减去 7 人及少于 7 人患病的概率之和,从而求得 8 人及多于 8 人患病的概率。这样得出

$$P(\geq 8) = 1 - F(0) - F(1) - F(2) - F(3) - F(4)$$
$$- F(5) - F(6) - F(7)$$

或

$$P(\geq 8) = 1 - e^{-1.1}\left(1 + 1.1 + \frac{1.1^2}{2!} + \frac{1.1^3}{3!} + \frac{1.1^4}{4!} + \frac{1.1^5}{5!}\right.$$
$$\left. + \frac{1.1^6}{6!} + \frac{1.1^7}{7!}\right)$$

$$= 0.000\ 020\ 124.$$

因为这是一个很小的概率,所以我们现在可以得出结论:这是一个显著的群发现象,因此某些地方性因素对引发这种疾病产生了作用。这可能是遗传的、文化的、饮食的或其他的一些致病源,需要做进一步调查来发现。

在判断显著性的过程中我们必须谨防妄下论断。假如刚才的答案是 0.01,也就是百分之一的机会——那我们是否可以认为群发现象是显著的?让我们打个比方,发病率为 100 000 分之 2.2 的地区有 5 000 000 名青年,

构成 100 个 50 000 人的集合,因此,在平均意义上,其中一个 50 000 人的集合就会出现我们所发现的结果。这将被认为是事件随机分布的难以预测的变化所致,因而我们不能认定存在显著的群发现象。统计必须被谨慎对待——它们会引起误导,而且在有些时候,那些有所图谋者会故意利用统计数据进行误导!

12.5.3 另一些例子

这里我们列出了另一些泊松分布在其中起作用的例子,以结束对泊松分布的介绍。

(i) 电话客服中心每分钟的来电数。接线员过少会导致客户的长时间等待,从而引发客户强烈不满。而另一个极端是,接线员数量足以应付高峰时段的需求,这就意味着他们大多时候无所事事,致使电话客服中心运营低效。根据泊松统计对需求进行分析,可以找到一个折中的接线员数量,使得它在满足经济效益的同时,为客户提供满意的服务。

(ii) 一幢大厦内每天报废灯泡的数量。大型商厦的维护工作之一就是替换报废的灯泡。每天报废灯泡的平均数大约是 7,但是对于一段较长的时间而言,每天报废灯泡的实际数量将给出均值为 7 的泊松分布。

(iii) 给定剂量的辐射使某段给定的 DNA 发生突变的数量。DNA 是动物细胞内控制个体基因构成的物质。它是由成千上万个含有四种基本型的分子构成的一条长链。一旦受到辐射,DNA 就会被破坏,然后自行重组,有时(但并不总是)会改变它所包含的原始基因信息——也就是生成突变体。给定辐射剂量引起的突变次数是随机的,在统计意义上,该次数将服从泊松分布。

问题 12

12.1　某生产流程中次品的数量服从平均每一百个元件中有一个的泊松分布。随机选取 100 个元件,出现以下情况的概率是多少?

(i)无次品;(ii)1 个次品;(iii)3 个次品;(iv)5 个次品。

12.2　巨型小行星以每 10 000 000 年一次的频率坠落到地球上。在接下来的 1 000 000 年中,至少有一颗将坠落到地球上的概率是多少?

12.3　某工厂每天平均报废电灯泡 10 个。每年有多少天灯泡的报废数会是 15?

第 13 章　预言选举结果

政治并非严谨的科学。

——俾斯麦（Bismark，1815—1898）

13.1　选举民意调查

　　在一些国家不时举行的国家和地方选举中,人们总是对知晓即将参选的各个党派的支持率饶有兴趣。理想地,大家希望获悉每个选民的投票意向,但在选举真正进行之前,这是悬而未决的。作为一种替代,民意调查机构收集全体人口中**样本**的意见,然后依据那些被抽中者所表明的投票意向对全体人口的意向给出估计。

　　获取有效样本是一件复杂的事。首先,必须确认选出的样本能够较好地代表全体人口。对人口分类的方式多种多样,例如,按社会阶层、年龄、性别、收入、民族、宗教信仰或地区进行分类。如果样本仅仅选自那些光顾伦敦西区昂贵珠宝店的人群,或者仅仅从破败的北部贫民区内光顾炸鱼薯条店的人群中抽样,那么这些民意调查的结果均不大可能代表全体人口。这两种顾客群都应当是民意调查样本的一部分,而非全部。如今,较大的民意调查机构在选取有效样本方面显示出高超的技巧,他们获得的结果总体来说是可信的。他们从许多以往的错误中吸取经验。在1948年美国总统大选前,所有的民意调查都显示共和党人托马斯·E.杜威(Thomas E. Dewey)以5%到15%的优势遥遥领先于他的民主党对手哈里·S.杜鲁门(Harry S. Truman)。迫于印刷限期的芝加哥论坛日报在获悉正式结果之前就以整版的巨幅标题宣告"杜威击败杜鲁门"。结果,杜鲁门以4.4%的优势超过他的对手赢得了那场选举。原来,对公众意见的抽样是通过电话进行的。在1948年拥有电话的人群中,杜威无疑拥有多数支持者,然而,在当时没有电话的许多家庭中他的支持者则寥寥无几。

　　为了方便关于民意调查的讨论,我们将假设人口的样本具有良好的代表性,而且,从最基本的二选一的情况入手。之后再考虑参选党派或个人有三个或更多的情形。

13.2　民意调查统计

我们考虑仅有国家民主党和人民党两党参选的情形。对1000 位具有代表性的公众进行民意调查,显示支持者人数如下:

国家民主党　522　人民党　478

转化为比率,样本的投票意向就是

国家民主党　0.522　人民党　0.478

从表面上看,国家民主党具有明显的优势,必定会被认为有希望赢得多数赞成票。然而,能否说他们**必定**获胜? 当然不行——可能的情形是:人民党事实上拥有多数赞成者,只是由于偶然性,民意调查的样本中包含了更多的国家民主党的支持者。真实的情况是,人民党获胜的机会存在但较小,接下来我们看看如何用数学方法对此进行估计。

设民意调查的样本容量为 N,此例中是1000,国家民主党的样本支持率为 p,此例中是0.522。数学告诉我们最有可能的选举结果是,比例为 p 的人会投票给国家民主党。但是,选举中国家民主党的实际支持率可能不同于 p,设为 r。理论上可表示为,在民意调查的基础上未知量 r 具有均值为

$$\bar{r} = p \tag{13.1}$$

标准差为

$$\sigma_r = \sqrt{\frac{p(1-p)}{N}} \tag{13.2}$$

的近似正态概率分布。

接下来看看在我们假设的例子中这是什么意思。我们有 $\bar{r} = p = 0.522$,从而得

$$\sigma_r = \sqrt{\frac{0.522 \times 0.478}{1000}} = 0.0158.$$

我们在图 13.1 中表示了这一概率分布。获取多数支持票意味着取得的票数超过选票总数的 0.5,这个值也在图中标示出来了。如图所示,正态分布曲线下方的面积为 1。国家民主党将得到更多支持票的概率等

于标示 0.5 的那条线以右部分的面积,而它左侧部分的面积则是人民党将居于上风的概率。现在我们来求出这些概率。

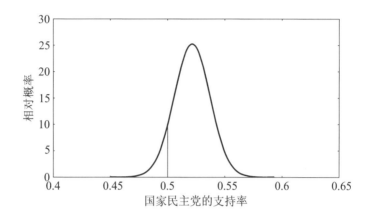

图 13.1　国家民主党的支持者的概率分布

标示 $r = 0.5$ 的线与此分布的均值相距

$$\frac{0.522 - 0.5}{0.0158} = 1.4\sigma_r.$$

由表 10.1 可知,从均值线到均值线向外 1.4 倍标准差之间的面积为 0.4192。因而,国家民主党获得多数支持票的总概率为 0.919,它是由均值线右侧区域的面积(0.5,因为它是曲线下方面积的一半)与均值线左侧直到 $r = 0.5$ 处的面积(0.419,即均值线向外 1.4 倍标准差的面积)相加而得的。这意味着依据民意调查,人民党获胜的概率为 1.0 − 0.919 = 0.081——不太可能但并非不可能。

如果分析是从人民党的支持者的概率分布出发进行的,那么,该分布的中心将位于 0.478 处,而标准差不变。标示 $r = 0.5$ 的线与该分布的均值依然相距 $1.4\sigma_r$,但位于另一个方向,由此推出的人民党可能居于上风的概率与前面一致——0.081。

我们自始至终关注的是"支持票的比例"这一概念,因为它如何转化为国会中的议席数将由选举制度决定。在比例代表制下,获得半数以上赞成票的党派也将拥有多数议席。而像英国实行的那样,在简单多数选举制(first-past-the-post system)下,情况就未必如此了。

民意调查的样本容量对结果的意义有着不容忽视的影响。我们假设样本容量为2000,且国家民主党的支持率仍为0.522。利用式(13.2)得现在的标准差为

$$\sigma_r = \sqrt{\frac{0.522 \times 0.478}{2000}} - 0.0112.$$

标示 $r = 0.5$ 的线现在距离分布的均值

$$\frac{0.522 - 0.5}{0.0112} = 2.0\sigma_r.$$

由表10.1知,从均值线到距离其2.0倍标准差处的面积为0.477 25,由此可得,国家民主党获得更多支持票的概率为0.977 25。基于一次比例相同而规模更大的民意调查,人民党的获胜机会从0.081减少到了0.023,或者说从大约12分之一减少到了大约43分之一。

13.3　综合民意调查的样本

有许多不同的民意调查机构,虽说调查手段略有不同,但都能对投票意向做出有价值的估计。假设它们的有效性都相等,将之综合起来,就有可能做出比任何单个调查更为准确的投票意向估计。然而,进行此类综合时必须倍加小心——例如,选举前夕党派支持者可能会有所动摇,因此各个民意调查的数据不宜过早地广泛散布。我们考虑以下来自三个民意调查机构的关于两个政党竞选的信息:

日
常
生
活
中
的
概
率
与
统
计

人
人
都
来
掷
骰
子

146

调查 X	样本容量 1000	国家民主党 521	人民党 479
调查 Y	样本容量 1000	国家民主党 517	人民党 483
调查 Z	样本容量 1000	国家民主党 495	人民党 505

单就调查 X 而言:

$$\sigma_X = \sqrt{\frac{0.521 \times 0.479}{1000}} = 0.0158.$$

因此,国家民主党的支持率到 0.5 的距离为 $\frac{0.021}{0.0158}\sigma_X = 1.33\sigma_X$,由此看来,他们是优势党派。由表 10.1 可知,从概率分布的均值(0.521)到支持率的 0.5 水平之间的面积等于0.408,于是国家民主党获胜的概率为0.908。类似地,仅从调查 Y 可得国家民主党获胜的概率为 0.860,而仅从调查 Z 可得 0.376(这预示着人民党胜出。)

将这三次民意调查综合起来,我们可以得到:在一次样本容量为 3000 的调查中所显示的国家民主党的支持率为 0.511。就此联合数据而言

$$\sigma_{XYZ} = \sqrt{\frac{0.511 \times 0.489}{3000}} = 0.009\ 13.$$

国家民主党的支持率到 0.5 的距离为 $\frac{0.011}{0.009\ 13}\sigma_{XYZ} = 1.20\sigma_{XYZ}$。由表 10.1 得,国家民主党获胜的概率为 0.885。

在大选之战的不同时期开展的调查中可能包含大量与选民投票意向变化趋势有关的信息。然而,如同与所有的人类活动打交道那样,即使调查实施得当,总还会有一些不可预料之事。

13.4 关于两个以上参选党派的民意调查

一旦参选党派或个人超过两个,对民意调查的分析就会略显复杂。我们现在考虑有 A、B、C 三党参选的情况,一次样本容量为 N 的民意调查显示 A 党派的支持率为 p_A,B 党派为 p_B,C 党派为 p_C。我们已知条件

$$p_A + p_B + p_C = 1。 \tag{13.3}$$

为了寻求对 A 党派可能的支持率范围,最简单的办法是考虑二选一的情形,即"选 A"或"不选 A"。可以认为 A 党派得票率的概率分布是均值为 p_A 且标准差为

$$\sigma_A = \sqrt{\frac{p_A(1-p_A)}{N}} = \sqrt{\frac{p_A(p_B+p_C)}{N}}$$

的正态分布。将 A,B,C 轮流代入,可得其他党派支持率的均值和标准差。

考虑这样的一个例子:一次样本容量为 2000 的民意调查得出 $p_A = 0.4$,$p_B = 0.35$,$p_C = 0.25$。则各党派的期望均值和标准差分别为:

A 党派

$$\bar{p}_A = 0.4, \quad \sigma_A = \sqrt{\frac{0.4 \times 0.6}{2000}} = 0.0110,$$

B 党派

$$\bar{p}_B = 0.35, \quad \sigma_B = \sqrt{\frac{0.35 \times 0.65}{2000}} = 0.0107,$$

C 党派

$$\bar{p}_C = 0.25, \quad \sigma_C = \sqrt{\frac{0.25 \times 0.75}{2000}} = 0.0097.$$

对此情形进行数学上的精确分析是相当复杂的。当只有两个党派时,无论考虑哪个党派的分布,对获取半数以上选票的概率的估计都是相同的。调查估计中一方的成功完全确定了另一方的失败,而且胜负的概率是一致的。这里,在三个党派的情况下,一个党派的某一次获胜包含了另外两个党派的失利,但这两个党派之间的高下没有确定。然而,要对各

党派所处的位置以及实际结果与均值间可能的差距获得一个大致的印象,上面给出的个体均值和标准差还是颇有用途的。以英国 2005 大选前的一次民意调查为例,其样本容量为 2000,得到如下百分比,括号内是实际得票率:

工党　37.0%　（35.3%）

保守党　32.5%　（32.3%）

自由民主党　24.0%　（22.1%）

其他政党占有余下少量的百分比。以选票“是工党”或“非工党”为基础,工党得票的标准差是

$$\sigma_{\text{工党}} = \sqrt{\frac{0.37 \times 0.63}{2000}} = 0.011 ,$$

因而实际得票比民意调查的预测低

$$\frac{0.017}{0.011} = 1.55\sigma_{\text{工党}}.$$

类似地,保守党和自由民主党的得票分别比民意调查的预测低 0.2 倍标准差和 2.0 倍标准差。显然,其他劣势党派的实际得票率比调查预期的要高。

13.5　影响民意调查和投票选举的因素

除了为调查选取一个具有良好代表性的样本之外,其他因素也会影响调查的结果。出于各种各样的原因——可能并不全是恶作剧——人们可能会说他们将选票投给了与自己意愿相悖的党派。另一个因素是:如果民意调查显示某个党派遥遥领先,那么他的支持者可能会因为自己的选票没能造成任何影响而改变主意。许多国家禁止在选举前约一周内开展抽样调查,就是为了防止调查本身影响选举的投票结果。

总体而言,民意调查较好地代表了人们的投票意向,虽然它在民主方面能否起到重要作用还很难说。事实上,调查有可能影响一些人的投票方式。假如调查显示一个抱有极端观点的小政党拥有相当多的支持者,那么,一贯支持那些观点的人可能受到鼓励而将选票投给该党派,因为他们不再觉得自己这么做是古怪的少数分子。然而,无论我们是否赞同他们的选择,我们必须接受,那就是民主的完整内涵!

从某种意义上说,还有一些无法预料的其他因素会影响大选的结果。在1992年英国大选中,以尼尔·金诺克(Neil Kinnock)为首的工党在民意调查中领先,而且看似将会以较大优势获胜。就在选举前夕,工党在谢菲尔德剧院举行了一次喧闹的美式风格的群众集会,预祝胜利,这场集会刺激了英国民众。就许多评论员看来,此举使工党失去了一些支持者。此外,颇具影响力且读者群甚广的通俗报纸《太阳报》出版了选举前的专刊,在头版登载了金诺克的大幅图片,并以大标题发出请求:若金诺克在当天赢得大选,请最后一位离开英国的人勿忘关灯。《太阳报》的另一特色是在第三版面上刊登一些穿着单薄的年轻女性。然而在那期特刊中,第三版面上的女士非但不年轻而且身材肥硕,并署以标题"金诺克领导下的第三版面形象"。

大家认为《太阳报》这种做法其实是缺乏理智的干预,为保守党的胜利带来了足够的选票。在此事件中,约翰·梅杰(John Major)成为了首相,他的党派获得了有史以来一个英国政党曾得到过的最高比例的支持票,尽管在国会下议院中他的呼声每况愈下。《太阳报》当然认为它的影响起到了决定性的作用。在选举结束的第二天,它以典型的《太阳报》风格的大标题写道:"是太阳赢了。"后来,《太阳报》转而支持在此后三次大选中获胜的工党(更名为"新工党")。这些就是影响民主的因素!

问题 13

13.1. 一次 3000 位选民参与的大规模民意调查得出 A 党派有 1560 位支持者,其余则支持 B 党派。"A 党派将获得超出 50% 的支持票"的概率是多少?

13.2. 在一个由 200 条幼蛇组成的随机样本中,发现有 92 条为雄性。在整个蛇族中雄性占 50% 以上的概率是多少?

第 14 章　抽样——池塘里有多少鱼?

……被选的极少。

——《马太福音》

14.1 为什么要抽样?

设想有大量实体——它们可以是人类、动物、植物或物质对象——我们希望确定它们所具有的一些特征。例如:

（i）一个国家中 14 岁男孩的平均身高。

（ii）英国男士帽子尺寸的分布。

（iii）社会福利住房中居民的每户平均收入。

（iv）北海中鳕鱼的平均质量。

（v）观看某一特定电视节目的人数。

（vi）某一工厂的产品中次品的比例。

要想通过一一检验每个实体来确定这些特征,要么根本不可能,要么显然缺乏可操作性。测量所有 14 岁男孩的身高或检验所有产品的合格情况虽然极不经济,但还是有可能的。然而,捕捞北海中所有的鳕鱼是绝无可能的。

用来估计某个完整实体集合的指定特征的方法就是抽样——其实就是我们在上一章中所描述的估计全体选民选举意图的方法。

14.2　从样本中发现

在抽样理论中,整个实体集合,不论它是什么,人类也好,鱼类也好,或是刹车片,均被称为**总体**。总体的某一特性,我们希望了解其平均值 $\bar{a}_p$ 和标准差 σ_p。我们用来估计这些量的方法是,测量一个容量为 n 的样本——也就是说我们随机选取 n 个实体用于测量。样本中参量 a 的个体值为:

$$a_1, a_2, a_3, \cdots, a_n$$

我们可以据此求得**样本均值** $\bar{a}_s$,并用 11.2 节中介绍的方法求得**样本方差** V_s。在无法获取其他更多信息的情况下,对整个总体的均值 $\bar{a}_p$ 所能作出的最佳估计就是样本均值,即

$$\langle \bar{a}_p \rangle = \bar{a}_s. \tag{14.1}$$

注意这里的记号:括号 $\langle\ \rangle$ 的意思是"对括号内的量的估计"。现在您可能会认为对总体方差 V_p 的最佳估计就是样本方差 V_s,但数学上的详尽分析显示该估计实际由

$$\langle V_p \rangle = \langle \sigma_p^2 \rangle = \frac{n}{n-1} V_s \tag{14.2}$$

给出。因子 $\frac{n}{n-1}$ 被称为**贝塞尔修正系数**,它对小样本的影响尤为重要。对于 1000 的样本容量,贝塞尔修正系数是 1.001;但对于 $n=9$,它则是 1.125。假设样本容量是 1,那么对总体方差的估计将是无穷大,意味着根本无法估计——这是合理的,因为单独一个量无法产生方差。

抽样中需要关注的另一件事是了解用样本均值估计总体均值时的不确定性程度。直觉告诉我们:样本越大,对总体均值的估计越可信。但是我们还希望能对可信度进行量化。为了说明这一点,我们先想象以下情形——有一个由上百万实体构成的很大的总体,我们从中重复抽取容量为 n 的不同的随机样本,每次求出样本均值 $\bar{a}_s$。所有 $\bar{a}_s$ 的值将呈现出一种分布,统计学理论表明,至少对于较大的 n 值,它将是一个以总体实际均值 $\bar{a}_p$ 为中心的正态分布,或接近于此。此时,若 $\bar{a}_s$ 的值的分布方差较

小,则从单一样本可能得到对总体均值的较佳估计。与此相反,若这些样本均值的方差较大,则会使我们对单一样本均值能为总体均值提供良好的估计这一说法失去信心。

理论表明:总体方差为 V_p 时,容量为 n 的样本的均值的方差是

$$V_{\bar{a}_s} = \frac{V_p}{n}. \tag{14.3}$$

然而,实际情况是:当你抽取一个样本时,该样本就是你所拥有的**全部**信息,因此你估计的必然只是这个单一样本均值的方差;无法获得总体方差 V_p 的真实值。将(14.3)的两边都用估计值替换,并将式(14.2)作为 V_p 的最佳估计,我们发现

$$\langle V_{\bar{a}_s} \rangle = \frac{\langle V_p \rangle}{n} = \frac{1}{n} \times \frac{n}{n-1} V_s = \frac{V_s}{n-1}. \tag{14.4}$$

即使不通过分析你也可以看出,这是一个带有正确特征的合理结论。若 V_s 较小,则暗示 a 值的波动不大,从而样本均值可能会较接近总体均值。此外,无论样本中个体值的方差是多少,样本越大越有可能给出接近总体均值的平均数——这是式(14.4)中除数 $n-1$ 的效果。

14.3 一个实例

通过在包含具体数值的实例中应用上述结果,我们将更好地理解 14.2 节的主旨。在贩卖苹果的过程中,设定价格的一个重要因素是苹果个体的大小或重量。然而,树木无法结出大小统一的苹果,因此,苹果可以按大小分类,并给出相应定价。果农将报出他供应的该批苹果的最低平均质量,而批发商将对其进行检验。下面的例子就是在此基础上展开的。

一位批发商,从一位果农处购买苹果,随机抽取 20 个,每个苹果质量如下,以千克为单位:

0.152　0.203　0.146　0.137　0.123　0.198　0.176　0.139　0.211　0.155

0.139　0.252　0.162　0.180　0.174　0.224　0.156　0.192　0.150　0.167

(i) 样本的平均质量与质量的标准差是什么?

将这些质量相加并除以 20 得

$$\overline{w} = \frac{3.436}{20} = 0.1718 \text{ kg}.$$

将这些质量的平方和除以 20 得

$$\overline{w^2} = \frac{0.611\ 084}{20} = 0.030\ 554\ 2 \text{ kg}^2.$$

从而,得样本质量的方差为

$$V_s = \overline{w^2} - \overline{w}^2 = 0.030\ 554\ 2 - 0.1718^2 = 0.001\ 038\ 96 \text{ kg}^2.$$

样本的标准差为

$$\sigma_s = \sqrt{V_s} = 0.032\ 23 \text{ kg}.$$

(ii) 如何获得样本均值标准差的估计?

式(14.4)给出样本均值方差的估计,从而

$$\langle V_{\overline{a}_s} \rangle = \frac{V_s}{n-1} = \frac{0.001\ 038\ 96}{19} = 0.000\ 054\ 682 \text{ kg}^2.$$

继而可得样本均值标准差的估计

$$\langle \sigma_{\overline{a}_s} \rangle = \sqrt{V_{\overline{a}_s}} = 0.007\ 395 \text{ kg}.$$

（iii）果农声称他所供应的苹果的平均质量超过 0.2 kg。依据上述抽样结果可否驳斥他的话？

假如果农的话是正确的，那么，从他的苹果中抽取的许多容量为 20 的样本将得出至少 0.2 kg **或更重**的平均样本均值以及 0.007 395 kg 的标准差估计。我们选取的一个样本的平均质量是 0.1718 kg，它与果农的说法至少相差 0.2 - 0.1718 = 0.0282 kg。若其说法正确，则样本平均质量与均值相差至少 0.0282/0.007 395 = 3.8 倍标准差的概率是正态分布尾部的面积，从表 10.1 可得，为 0.000 07——因此可能性极小。几乎可以肯定果农的说法不真实。

14.4　关于抽样的一般性评述

用于检验果农关于苹果的声明的分析方法同样适用于电灯泡使用寿命的声明或其他情境。在检验关于苹果的声明时，我们假设：若能获得许多样本均值，则它们将构成一个正态分布。这仅仅在我们选取了非常大（理论上无限大）的样本时才是绝对正确的。否则，对于较小的样本，我们不应使用正态分布表，而应使用一种被称为"学生"t – 分布[①]的表格，这是一种依赖于样本容量的分布。对于容量为 20 的样本，误差既不容忽视但也不算大，因此使用正态分布所带来的简单方便是在损失一些准确性的情况下换来的。然而，对于更小的样本而言，误差将十分显著。

---

① "学生"（Student）是统计学家 W. S. 戈塞特曾使用过的笔名，他在 1908 年得出了 t – 分布。——译者注

14.5　质量监控

对于顾客来说,买到次品并不得不去退换货是极其令人懊恼的。这同样代表了产品制造商的损失,它制造了物品却未获收益。对于制造商而言,需要努力寻求一种恰当的平衡。一个极端是:他可以在所有产品出厂前逐一检验,这将确保无退货,但产生的费用将转嫁给消费者,导致产品竞争力下降,继而降低销量。另一个极端是:他可以取消检验,然而一旦由于机械工具故障导致生产线出现次品,他将有较长一段时间不会发现,继而蒙受退换许多物品并失去顾客信赖的双重损失,这将对未来的销量产生负面影响。他需要在这两个极端之间求得折中——此过程被称为质量监控。

为了说明质量监控的基本概念,我们考虑一家日产 1000 辆自行车的工厂。工业生产的经验告诉我们,少于 1% 的自行车出现瑕疵是可以被接受的,因此制造商必须监测他的产品以将次品率控制在该水平以下。他决定使用的策略是:每十辆自行车检验一次,并将被检验过的 1000 辆自行车作为样本进行统计分析。他还希望有 99% 的把握使次品率不超过 1%。现在我们提出的问题是:"在目前的 1000 辆自行车样本中最大的不合格数量是多少,才能保证自行车次品率大于等于 1% 的概率小于等于 0.01?"最后一句话值得再读一遍,以便使您正确地理解问题的实质。

我们将用与 13.2 节中考虑投票意图相类似的方法处理这个问题。如果在容量为 1000 的样本中测得不合格数为 x,那么,估计出的不合格率是

$$f = \frac{x}{1000}. \tag{14.5}$$

按照 13.2 节中所描述的模型,将呈现以 f 为中心,标准差为

$$\sigma_f = \sqrt{\frac{f(1-f)}{1000}} \tag{14.6}$$

的关于不合格率的概率分布。假设其为正态分布,实际不合格率超过 0.01 的概率将是与均值相距 $0.01 - f$ 以上的概率,即标准差的 t 倍,

$$t = \frac{0.01 - f}{\sigma_f} = \frac{0.01 - x/1000}{\sqrt{\dfrac{x/1000\,(1 - x/1000)}{1000}}}. \qquad (14.7)$$

不合格率达到1%的概率低于0.01这一条件等同于正态分布中超过 t 倍标准差的尾部区域面积小于0.01。由表10.1可知,需要满足

$$t > 2.33. \qquad (14.8)$$

用试错法可以找到式(14.7)中满足条件(14.8)的最佳 x 值——即代入不同的 x 值进行尝试,直到找出满足条件的最大值。当 $x = 3, 4, 5$ 时对应的 t 值如下:

$$x = 3,\ t = 4.047;\quad x = 4,\ t = 3.006;\quad x = 5,\ t = 2.242.$$

满足条件的 x 的最大值为4。如果制造商在这1000辆样本自行车中发现4辆以上不合格,那么,他就应该检测机械设备或装配流程,并进行必要的整修。

这里描述的质量监控体系显得有些武断。它选取了最近的1000次检验作为统计基础,并要求次品率不超标的把握达到99%。检测次数越少,所得统计结果的可信度就越低;而过多的检测,一旦产生故障,则会使开始抽样到发现故障之间的时间拉长。类似地,若每20辆自行车检测一次,同样会加长生产问题从发生到发现的时间。获取恰当的平衡是质量监控技术的组成部分。

这里描述的系统比任何大规模制造商所使用的都要简单得多,但是它说明了其中包含的一般原理。

14.6　池塘里有多少鱼?

抽样理论可以应用于不同领域,这里我们介绍它的一个有趣的应用。一个大鱼塘的主人希望知道池塘中有多少条鱼——至少使准确度在 ±50% 左右。他猜想数量在 3000 左右,但其实可能仅有它的一半,又或者是它的两倍。逐一数鱼是不可能的,那么,他该怎么办?

池塘中鱼种的平均寿命大约为 3 年,所以花一个月左右的时间获取鱼的数量的过程不会被出生与死亡所产生的总数量的频繁变化所搅乱。他以天为单位在鱼塘的不同角落网起一些鱼,并在鱼鳍上贴上轻软的塑料标签,那样不会使鱼感到痛苦。然后将鱼放回鱼塘。一旦完成约 400 条鱼的标贴,他就再一次开始到鱼塘的不同角落网鱼,但这次只要数清捕捉到的鱼的条数和其中贴有标签的鱼的条数。让我们看看他怎样通过这样的过程获取鱼塘内鱼的数量。

我们用包含具体数值的例子说明这一过程。在他最后一次网鱼后,发现捕获的 300 条鱼中有 60 条贴有标签。由此得到鱼塘中贴有标签的鱼的比例的最佳估计为

$$p = \frac{60}{300} = 0.2.$$

然而,由式(13.2)可得,此估计的标准差为

$$\sigma_p = \sqrt{\frac{p(1-p)}{300}} = 0.0231.$$

查表 10.1 可发现,对于我们这里假设的正态分布而言,到均值的 $2\sigma_p$ 范围内的概率约为 0.95。在本例中,距离均值不超过两倍标准差的 p 的界限为

$$p_{低} = 0.2 - 2 \times 0.0231 = 0.1538,$$

和

$$p_{高} = 0.2 + 2 \times 0.0231 = 0.2462.$$

若池塘中鱼的数量为 N,且有 400 条鱼被贴了标签,则 p 的真实值应为 $400/N$,因为我们已知 400 条鱼被贴了标签。因而,在 0.95 的概率下,

池塘中鱼的数量范围是

$$\frac{400}{N_1} = 0.1538 \text{ 即 } N_1 = 2601,$$

和

$$\frac{400}{N_2} = 0.2462 \text{ 即 } N_2 = 1625.$$

可能性最大的数是 $N = 2000$，此时 $p = 0.2$。

问题 14

14.1. 20 位瓦图西成年男性的身高样本如下,单位米:

1.92　1.97　2.03　1.87　2.10　1.85　1.93　1.89　1.92　2.14

2.08　1.97　1.87　1.73　2.06　1.99　2.04　2.02　1.88　1.97

求

(ⅰ) 样本的平均身高;

(ⅱ) 样本的标准差;

(ⅲ) 对总体标准差的估计;

(ⅳ) 对样本均值标准差的估计;

(ⅴ) 瓦图西成年男性的平均身高超出 2.00 米的概率。

14.2.　一个鱼塘主捕捉了 100 条鱼并给其贴上标签。接着,他又捕捉了 100 条鱼并发现其中 20 条贴有标签。池塘中鱼的数量最有可能是多少?

第 15 章　差异——老鼠与智商

人的智力近乎于零。

　　　　　　——让·德布吕耶尔(Jean de Bruyere，1645—1696)

15.1　差异的显著性

据信,英国的老鼠的数量与人的数量一样众多,大多数活跃在城区。虽然在一些发展相对落后的社会中能见到它们在夜里穿街走巷,但大体而言,它们不接触人类,至少在西方社会是如此。一旦在城区安顿下来,它们就不再是杰出的旅行家了,如果食物供给充足,它们不会离开巢穴100米以外,因此,有理由认为不相连的独立地区之间老鼠的基因库会存在显著差异。

我们考虑一个假想的例子:比较伦敦与曼彻斯特雄鼠的质量。来自伦敦的400只老鼠样本的平均质量为595克,标准差为41克。而来自曼彻斯特的同样大小的老鼠样本的平均质量为587克,标准差为38克。我们考虑的问题是:如果样本来自同一总体,在平均质量上出现差异或更大差异的可能性。如果该可能性很低,我们就有理由认为伦敦与曼彻斯特的总体之间有显著差异,否则就是证据不足。

像对待此类问题的一般做法那样,我们采用**零假设**(6.2 节),在这个问题里,伦敦与曼彻斯特的老鼠都是同一总体的部分,所以有一个单一总体,我们从中选取了两个样本。理论上这两种样本均值差异的期望值为零,也就是说,如果我们从同一总体中选取大量样本并比较它们的均值,那么,一个样本的均值与另一个之间的差异有时为正,有时为负,但平均为零。另一个理论上的结果是差异的方差将为

$$V_{diff} = \frac{\sigma_1^2 + \sigma_2^2}{n_1 + n_2 - 2}, \tag{15.1}$$

其中 n_1 和 n_2 是样本容量。对本例而言,就是

$$V_{diff} = \frac{41^2 + 38^2}{400 + 400 - 2} 克^2 = 3.916 \ 克^2,$$

由此得出样本均值差异的标准差, $\sigma_{diff} = 1.98$ 克。这意味着,如果我们从同一个总体中选出容量为 400 的样本,由表 10.1 可知,68% 的样本均值差异量将低于1.98 克,而95% 将低于3.96 克。

事实上,如14.4 节所述,此类问题适合学生 t -分布,但对于我们这里

使用的大样本而言,假设其符合正态分布所产生的误差将是微不足道的。来自两座城市的样本均值实际上相差8克,或者说超过 4.0 倍标准差。要考虑差异的显著性,我们必须考虑**两个方向上**出现四倍标准差这个差异的概率,也就是说,我们必须求出分布两端与均值距离超出四倍标准差的尾部的面积。由表 10.1 可知,与均值距离大于 4σ 的一端的面积为 0.000 03;因此,两侧面积和为 0.000 06。此概率十分微小,从而,两个样本均值之间的差异不太可能是偶然发生的,于是我们得出结论:两座城市的老鼠总体之间存在**显著**差异。我们是否能够说这是**基因上的**差异呢?这依赖于对环境因素的判断。如果在曼彻斯特有一些普遍的条件会导致较少的食物供给,那么平均质量的差异将归因于此,而非归因于遗传变异。

15.2 显著差异——那又如何！

样本中老鼠质量的概率曲线如图 15.1 所示。

这种表示形式清晰地反映了分布是有差异的,且伦敦老鼠的平均质量略高。然而,它同样清晰地显现出质量非常接近。可见,统计术语"显著差异"绝不能与判断术语"重大差异"混为一谈。当你面对一只普通的伦敦老鼠和一只普通的曼彻斯特老鼠时,想分辨出任何不同可并非易事。

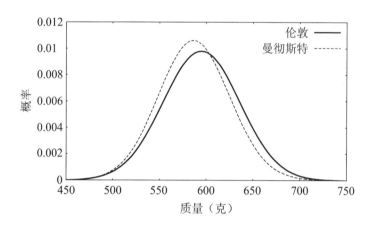

图 15.1　伦敦与曼彻斯特老鼠质量的概率分布

我们已经指出统计差异可能是受环境因素影响的结果,例如,在伦敦有比曼彻斯特更好的食物供应给老鼠,或者由遗传因子导致。这些因素通常分别被归为**后天**培育与**先天**遗传,一般情况下,它们会同时发生作用。如果后天培育是导致曼彻斯特和伦敦老鼠体重差异的唯一原因,那么,一群被运往伦敦的曼彻斯特老鼠将拥有与伦敦老鼠平均体重相同的后代。

世界人口可按多种方式进行细分——按国籍、按种族、按宗教,等等。其中一些分类与遗传差异有关,它们可通过有形的特征清晰显现,如肤色、发色、身高和体格。运动天分可能更多地有赖于遗传因素,虽说文化和环境因素也会起到一定作用。因此,具有西非血统的人似乎擅长田径比赛中的短跑项目,而田径比赛中考验耐力的项目则更像是东北部非洲人的特长。一位埃塞俄比亚的短跑冠军可能会让大家啧啧称奇,但没人会对埃塞俄比亚或肯尼亚人在国际马拉松大赛中获胜表示惊讶。

虽说将运动能力的差异归因于遗传在很大程度上已没有争议,但是,一讨论到大脑工作能力差异就引起了诸多纷争。一位专门研究新几内亚岛上的部落的人类学家讲述了一个故事。他与几位部落成员相伴踏上了一次狩猎的旅途,当他们到达密林中的一小块空地时,头领说道,自几天前他们经过这儿之后,一头大型动物曾在此经过。当被问及怎样得知时,他回答道,一些草木被破坏了——但这位人类学家环视空地周围,丝毫看不出任何迹象。他认为头领只是想让他留下深刻的印象,而事实上压根儿没有大型动物经过的痕迹。这样的骗局很难被戳穿,西方城市背景下的人类学家能用什么方法来鉴别呢? 这位人类学家于是决定实施一次测试。返回村寨时,他将一盒火柴在桌子上撒成一堆,叫头领仔细研究并记住火柴堆放的样子。随后他用一次成像相机从几个不同角度对火柴堆进行拍摄,用以将它原有的样子准确地保留下来。3 天之后,他将同一盒火柴交给头领,并让他把它堆放成之前看到的样子。火柴堆放的图样并非纹丝不差,但在拓扑上是正确的,其中火柴上下错落所构成的体系跟原来的图样里一模一样。人类学家在结束对这项令人诧异的技能的描述时,特别指出:“在我们设计的智力测试中,这些人会显得低能;但是**他们若设计一些智力测试,则会让我们显得低能**。”

当一个婴儿降生时,它的大脑几乎不具备辨识它所生存的这个世界的能力。它只有少量本能——饥饿或不适时哭泣,饥饿时一有机会就吮吸——除此之外他的大脑几乎是一张可以随意书写的白纸。随着儿童的成长,通过大脑内部神经元的突触连接建立联系,使儿童适应他们所生存的社会中的复杂情况,并使他们发展必要的技能,从而在该环境茁壮成长。大脑发育过程的绝大部分在儿童生命的最初 3 年完成。在早期获得充分刺激的儿童可能在其后的生活中智力上发展良好;而被剥夺相应刺激的人此后将成为智障。一个人的智能以及主要技能的发展很大程度上依赖于后天环境——他或她生存的以及早期经历的社会——但也有赖于先天遗传,遗传因素也将发生作用。新几内亚岛上的部落成员需要并获取了不同于人类学家的技能,但无论从哪种意义上说,都没有任何证据说明他们的社会智能低人一等。

在特殊的社会环境中,即使遗传因素相同,也常常会因社会阶层的不同产生不同的儿童发展模式。然而,从这样的差异中,很难获取有关个体遗传质量的信息。缺乏教养技巧的父母将无法充分开发孩子的潜能,而且他们的孩子,在自己成为父母之后,通常也会是不称职的父母。这种日积月累的疏忽,虽说令人难过,但并不影响与相应个体基因相关联的潜能,而且,在适当的环境下,那种潜能有可能被唤醒。创设这种环境是许多政府试图达成的一项艰巨的,甚或是遥不可及的任务。

对不同的社会或种族群体进行测试可能会在统计学意义上显示出他们在应对智商测试或在追踪动物的本领方面的显著差异,但是关于你所感兴趣的被试群体的基因特征还是一无所获。尽管这些被发现的差异**在统计学意义**上时常是显著的,但它可能毫无意义。拥有不称职的父母,在智力测试中通常表现拙劣的孩子,在正确的培养下也有可能成为理论物理学家。父母是狂热的种族主义者,深受其教育影响的孩子,在正确的培养下,也有可能成为宽容为怀的英格兰教会高僧。统计是认识社会的有力工具——但重要的是我们得先理解统计,否则就有可能在应用它时推断出错误的结论。

问题 15

15.1. 农夫打算对一种用于母鸡的新型喂养方式进行效果测试。对于采用原有方式喂养的母鸡,100 个鸡蛋的平均质量为 57.2 克,标准差为 2.1 克。对于采用新方式喂养的母鸡,100 个鸡蛋的平均质量为 57.7 克,标准差为 2.3 克。如果新型喂养方式无效,那么,这两个样本均值间产生差异或更大差异的概率是多少?

第16章 犯罪行为在增多还是在减少

自由啊,自由! 多少罪行假汝之名以行!

——罗兰夫人(Mme Roland,1754—1793)

16.1 犯罪与犯罪报告

犯罪涉及触犯法律,而既然哪些行为是非法的都已被巨细靡遗地做出了规定,那么,犯罪统计报告看起来就应该是绝对客观的。但事实并非如此。首先,警察在执法时具有一定程度的随意性。例如,如果在公路上略微超出法定时速限制的行为无一例外地被查明并起诉,那么,每天将会有数百万件的罪行和诉讼。大多数情况下,这样的"罪行"没有被发现,而即使被发现,警察也可能由于它的情节并不严重而置之不理,或者可能仅仅发出警告。当一位青年因一个轻微的犯罪行为被捕时,一次正式的警告可能足以使他远离进一步的犯罪,而起诉与定罪除了让又一位公民多了一条犯罪记录外,或许再没有更多的意义了。犯罪统计中的另一种不确定性在于并不是所有的罪行都会被上报。小偷小摸的行为,比方说只涉及价值几英镑的财物失窃,有可能不被上报。上报罪行的事情可能比失窃本身更麻烦,对此深有感触的警察不想将过多精力耗费在这样琐碎的案件中,他们还有更多的严重事件需要考虑。即使是严重罪行有时也不被公之于众。家庭暴力行为可能不会被告发,因为受害者(通常是女性)羞于袒露自己家庭生活的悲惨状况。另一项严重罪行,强奸,众所周知极少被告发,因为受害者担心她或他将会被指控在事件中是自愿的。在合理怀疑的基础上想要证实强奸罪通常十分困难。

出于不同政府与警察部门的自主权,对于犯罪的报告与记录会随时间的推移而发生变化,这是犯罪统计中影响趋势研究的因素之一。随着诉讼程序的变化,强奸罪的受害者在初期的警方调查与其后的法庭上对于蒙受羞辱的担忧不那么强烈了,关于强奸罪的报告看起来比以前更多了。另一方面的因素是罪犯可能会时不时地变换作案目标。近年来,对机动车辆加强了防范,从而使汽车偷盗变得较难实现。为毒瘾寻求资金的犯罪者因而可能由偷盗汽车转而从事其他一些犯罪活动。

犯罪是政治家用来赢得分数的一项丰富资源,在关于犯罪的政治辩论中,统计数据被来来回回地争辩,观察员可以同时容易地得出犯罪行为正在增多和正在减少这两种结论。在这里,我们要看看过去几年中的英国,特别是英格兰与威尔士的官方犯罪统计,看看真正发生了些什么？以事实为基础,我们对犯罪行为的担忧应该增强还是减弱？案件的发生率是否相当稳定？如果将政治排除在外,我们可能会发现犯罪率的真相。

16.2 英格兰与威尔士的总体犯罪趋势

　　《英国犯罪调查》由英国内政部出版,对近期英格兰与威尔士不同类型的犯罪行为进行报道。调查中包含除欺诈和伪造外所有主要的犯罪类型。调查中报道的所有犯罪数据以统计图的形式在图 16.1 中给出。

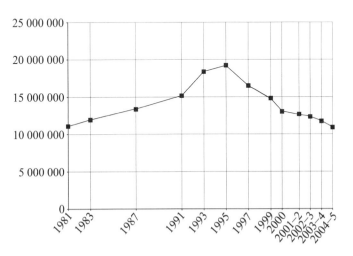

图 16.1　英格兰和威尔士从 1981 年到 2005 年
被报道的所有类型的犯罪数量

　　可以看出在报道的这段时期内,从 1981 年到 1995 年犯罪数量稳步上升,在此期间大约增加了 80%。从 1995 年开始,整体犯罪数量稳步减少,2004—2005 年时的数量低于 1981 年。

　　犯罪数量上升发生在以玛格丽特·撒切尔为首的保守党执政的大部分时间里,成为反对党充分利用的一个攻击点。另一方面,在 1995 年到 1997 年,也就是工党 1997 年选举获胜前的最后两年,有一个显著的下降,因此保守党可宣称,这一下降恰恰是保守党持续了十余年努力改善的结果。工党将宣称,正是由于它的执政,整体犯罪数量才有所下降,而不大会去提及它继承了一个正在改善的形势。这就是政治!

　　图中显示了真实的状况,但它并非故事的全部。一些类型的犯罪比其他罪行更受社会的关注。汽车失窃并不算小事——尤其对受害者而言——但每个社会成员都会认为谋杀罪比它严重得多。如果调查的结果表明,入室行窃和车辆偷盗大幅减少,而谋杀案件激增,那么,普通公民将感到日常生活倍受威胁。

16.3 汽车偷盗、入室行窃与暴力犯罪

英国犯罪调查给出的1981—2005年间英格兰与威尔士的汽车偷盗案件的发生数量如图16.2所示。它从一定程度上再现了全部案件在图16.1中所呈现的情况——从1981年到1995年有一个陡峭的上升,超过了原来的两倍,之后于保守党执政期间开始下降,并在工党执政下持续这一态势。在评价这幅图的意义时要考虑到该时期汽车的拥有量——仅在1990—2000这十年间就大幅增加了16%。

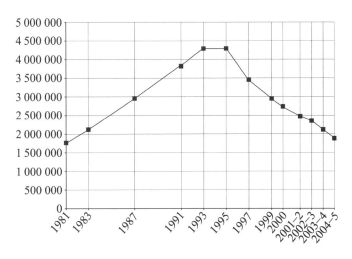

图16.2 英格兰和威尔士从1981年到2005年的汽车偷盗案

汽车盗窃案件降低的部分原因可能归结于机动车辆防护措施的改善;现在许多汽车装有防盗装置,这意味着它们不再能够通过"接线点火",即连接仪表盘后面的电线被发动,而需要用钥匙来启动。另一个原因是曾经作为选择性附件的收音机,目前已成为所有汽车的标配,以至于偷盗汽车收音机的市场几近消失。最后,宣传媒体告诫人们不要把贵重物品——如手袋、手机——醒目地留在无人看管的车内。

入室行窃罪,闯入家中实施盗窃,不像汽车偷盗那样普遍,但是会对受害者造成更大的精神创伤。家是一个特殊的地方,个人或全家在这里度过大部分的时间,并且在家时通常会感到很安全。没有许可证或其他

授权证明,即便是警察也不能进入。入室行窃破坏了这种安全感,一些受害者称他们在被盗后对家的感觉与以往不再相同。对车辆则没有这样的感觉;一个处于战争中的国家会劝告它的公民捍卫他们的家园——而非他们的汽车!图16.3反映了1981到2005年间英格兰与威尔士入室行窃案件的发生数量,大体趋势与全部案件以及汽车偷盗案类似,只是开始下降的时间略早,在1993年。

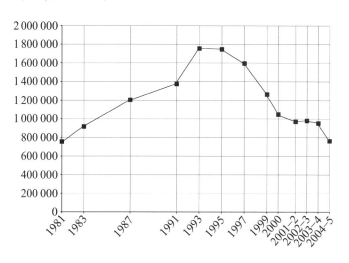

图 16.3　英格兰和威尔士从 1981 年到 2005 年的入室行窃案

就图中显示的目前处于下降的趋势而言,人们可以感到安慰。然而,汽车偷盗和入室行窃虽然有时候会涉及暴力,但毕竟极少,因此大多数人最为关注的还是暴力犯罪。在睡着的时候被偷走了汽车上的合金轮圈虽说令人气恼,但遭到暴力袭击后躺在医院里就是完全不可同日而语的另一种经历了。

暴力犯罪的类别包括家庭暴力、普通伤害和行凶抢劫,但不包括杀人行为。图16.4给出了从1981年到2005年英格兰与威尔士的暴力犯罪发生情况。

每年几百万的暴力犯罪规模着实令人吃惊,但至少从1995年以来显示出了与其他犯罪种类同样的下降趋势。在2004—2005年,发生了家庭暴力案401 000起,行凶抢劫案347 000起,其余的是各种各样的伤害案。

在伤害案中占很高比例的是发生在城镇中心通常在周六晚过度酗酒后的
"聚众斗殴"。但是,一位倡导宁静家庭生活并拥有和睦邻里关系的居民
不大可能成为暴力的牺牲品——虽然,唉,还是有一些可能。

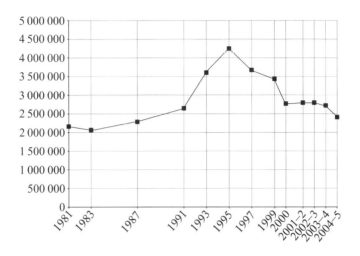

图 16.4　英格兰和威尔士从 1981 年到 2005 年的暴力犯罪

16.4　杀人罪

杀人罪包括蓄意杀人和过失杀人,是一种最能强烈冲击公众对犯罪的普遍意识的行为。谋杀案总是在地方报刊以及地方电台和电视台的新闻节目中被报道。带有特殊性的杀人案件(比方说,涉及多人死亡、社会名流、儿童或枪支使用)通常会变成全国性的头条新闻。新闻媒体的这种高度关注带给人们一种杀人案在社会中屡见不鲜的印象。但是恰恰相反,如图16.5所示,从1981年到2005年英格兰与威尔士的杀人案件数量表明了这是一种非常稀少的罪案。杀人案每年发生的数量以百为计,而我们提到的其他类型的案件每年发生的数量均以百万计。但是,图中显示出这类案件不同于其他类型案件的变化趋势。

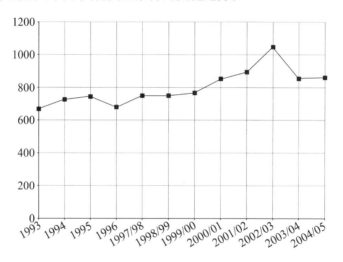

图16.5　英格兰和威尔士从1981年到2005年的杀人案

图形的后半段带有一些误导性,因为2000—2001年的数据中包含了58位中国非法移民的死亡,他们在前来英国的货车上窒息而亡,同时,2002—2003年的数据也被严重歪曲了,因为其中包括了在当年查出的被杀人狂罗德·希普曼医生(Dr. Harold Shipman)杀害的所有人,估计在150至250之间,然而,他们的死亡是在数年之内陆续发生的。将这些特殊因素考虑在内,或许可以说,杀人案的基本案发数量与20世纪90年代末期相比维持在浮动不超过10%的水平——每年830例左右。习惯上，在报道社会中的杀人案发生率时采用每年十万分之多少的表达方式。考虑到英格兰与威尔士的人口约为五千三百万，可得每年的杀人案发生率为十万分之1.6。

正如人们所预料的那样，大城市的犯罪率往往比较高。英国三个主要城市的数据如下：

伦敦   2.1

爱丁堡   2.4

贝尔法斯特 4.4

贝尔法斯特的数据受到了派系杀戮因素的影响，这在英国的其他地区是不存在的。然而，尽管杀人案件总嫌太多，但是调查的结果表明，就杀人案件而言，英国是世界上最安全的国家之一。在发达国家当中，只有日本的杀人案发生率低于英国(十万分之0.9，但伴随着庞大的自杀率)；即便是瑞典，通常被视为和谐而宁静的天堂，杀人案发生率也超出了英国的两倍。

为了对英国城市的数据获得更全面的认识，将欧洲与美国主要城市的数据援引如下：

纽约   7.3

阿姆斯特丹   7.7

里斯本   9.7

芝加哥   22.2

巴尔的摩   38.3

华盛顿(哥伦比亚特区) 45.8

纵使所有的印象都是负面的，英国仍是一个安全的生存之地——至少就杀人案件而言是如此的。一位英国公民应该关注杀人案件，但无需给生活抹上阴影——与成为杀人案受害者相比，他有四倍以上的可能性在车祸中丧生。

16.5　犯罪与政治家

还有许多影响各国民众生存的问题——教育、法律法规、健康、就业和税收都只是一笔带过。这些问题中任何一个的相关因素都很复杂，而且以无法预料的方式与其他因素相互作用。在本章中，给出了英国罪案发生情况的量化描述。但即使是这些图，看似客观，也有可供批评之处。英国犯罪调查通过向罪行受害者询问亲身经历来获悉已发生的犯罪行为，其调查数据中包括了上报给警方以及没有上报给警方的罪案，他们声称这种收集统计数据的形式比仅仅依赖警方的数据更为全面，而且也更为充分地体现了大众对犯罪的态度。然而，有些人对这种罪案统计方法的真实性提出了质疑。

或许有许多原因可以解释犯罪统计数据为何每年都会发生变化。基于犯罪行为发生的随机性，将会产生一种统计波动。如果在很长的一段时期内估计出某种犯罪行为的平均发生率为每年 N 例，那么由于随机波动导致的该数值的标准差为每年 $\sqrt{N}$。当 $N = 2\,000\,000$ 时，有 $\sqrt{N} = 1414$，它是犯罪数量的 0.071%——一种小到可以忽略的波动。另一方面，若一年中预期会发生 900 例杀人案件，那么 $\sqrt{N} = 30$，它是期望值的 3.3%，这是一种大得多的随机波动。除了杀人案件外，本章所示的统计图涉及的数值都比较大，所以来自随机波动的影响微乎其微——该趋势是真实的。

关系到犯罪数据变化的另一个重要原因是失业率的变化。在英国犯罪率下降的时期内，失业率也有所下降，而且有一种假设认为失业人群中的犯罪率会比较高。这一点在 1920 到 1930 年代的经济萧条期并不明显，不过在那个早期年代里没有电视，吸引人们求取更多物质财富的广告更是少之又少。没有一个政府会因为在广告冲击下的世界性变化或世界性的大萧条而受到谴责。因此，为了犯罪率的上升而责备任期内的政府或许并不公平。

将上述讨论作为 1981 年到 1995 年英国犯罪数量上升的借口不一定站得住脚。真正重要的是，对任何统计数据的过分简单的解释都可能会有缺陷，不管它是与犯罪或别的什么问题相关。我们生活在一个复杂的世界里。政治家们为了自身的目标会试图用简单的画面扬己之长，揭人之短。原则是你要尽量独立思考；一种有用的办法是故意唱反调，然后看看是否能为对方提供充分的理由，因为这样你就可能会发现眼前争议中的矛盾之处。警惕他人骗取你的信任，不管他们看中了你的钱还是选票。

问题 16

16.1. 下图反映了从 1964 年到 2005 年英国死于交通事故的道路使用者的数量。根据下图估算：

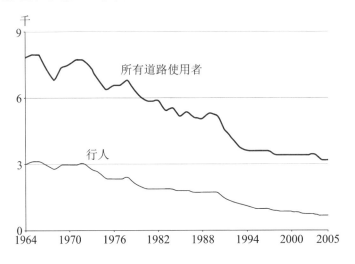

（i）2005 年死亡人数与 1964 年死亡人数之比；

（ii）1964 年、1982 年，以及 2005 年的行人死亡比例。

设想一些理由，解释图中所示时期内数据呈整体下降趋势的原因。

第 17 章　我的叔叔乔每天吸烟 60 支

该死的烟草，全身心的土崩瓦解。

——罗伯特·伯顿（Robert Burton，1577—1640）

17.1　遗传学与疾病

夏季伊始,许多植物进入了它们的繁殖期并释放出大量花粉。对大多数人而言,这件事无足轻重,但是对于不幸的少数人来说,它预示着烦恼和不适的来临。这些人就是花粉热患者。他们不断地拼命打喷嚏,鼻道被黏液阻塞,眼睛变得又红又热,而且呼吸困难。服用抗组胺药能够缓解一些症状,但它们会引起嗜睡、令人不快而且有潜在危险的副作用。不幸的是,花粉热的发作季节适逢许多年轻人参加重要考试的时期,除非对他们的情况做出一些特许,否则,花粉热患者可能会因低于真实水平的发挥而使他们的未来蒙上阴影。

花粉热被公认为来源于遗传,它在家庭中发生,常常伴有湿疹和哮喘的出现。它是遗传性疾病的一个典型,此类疾病还有许多其他的例子。女性乳腺癌现在被公认为具有较强的遗传关联,而且事实上,与该疾病相关联的基因现今已被查明,分别标记为 BRCA1、BRCA2 和 BRCA3。研究者已经指出带有 BRCA3 基因的女性中有 60% 将在 70 岁之前罹患癌症。然而,仅有 5% 的癌症与上述基因的出现有关,因此,显然还有其他因素在起作用。

癌症是体内一些细胞失去控制反复分裂形成肿瘤的一种疾病。如果疾病保持在局部,那么肿瘤就是良性的,而且通过外科手术或局部使用高辐射剂量除去肿瘤可从根本上治愈此病。但是,如果肿瘤细胞在体内迁移影响其他组织,那么疾病就是恶性的,而且十分棘手。癌症可能由各种各样的原因引发,但从根本上说,所有这些原因造成的结果都是破坏了细胞中的一些蛋白分子。它可能在受到辐射后发生——例如,过度日光浴——或者在大量致癌化学制品作用下发生。

乳腺癌的例子表明:并非所有携带某一疾病遗传因素的人都会患上该病,同时,那些非易感人群有时也会患这种病。决定某一个特定个体是否受遗传体质影响具有偶然成分。一个潜在的癌症诱因可能会也可能不会破坏细胞蛋白促发癌细胞。这件事的可能性取决于接触的程度以及个体对这种破坏的耐受力。可能发生的一种情况是:有些人虽然带有某种癌症的遗传倾向,但他几乎不接触引发该病的介质,就有可能永远不会染上此病。甚至也有一种可能是:这样的人长期接触致癌因素但还是**没有**染上该病——不过他得足够幸运。反之,那些不带有任何癌症遗传倾向的人在任意程度的接触后都有可能患病,只是风险随着接触量的增加而上升。

在此背景下,我们将讨论吸烟以及与吸烟有关的疾病之间的关系。

吸食烟草起源于北美的土著居民,并于16世纪被各路探险家引入欧洲。大约在1564年烟草被约翰·霍金斯(John Hawkins)爵士或者他的船队带入了英格兰,但它的流行源于瓦尔特·雷利(Walter Raleigh)爵士,一位不拘一格的冒险家,伊丽莎白一世的心腹——但他没能受到她的继承人詹姆斯一世的宠爱,并被其判处了死刑。在十八、十九世纪流行的观点是吸烟在某些方面有益于健康——这或许是因为烟草的气味比当时流行的气味更诱人。

在二十世纪早期,吸卷烟被认为是件优雅的事,因此二战前夕的电影展示了人们疯狂地吸烟(并酗酒),还有慵懒而富有的年轻女子也在长烟嘴的帮助下吸着烟。但是,在二十世纪下半叶,吸烟与各种疾病存在关联的迹象开始显现出来,最明显的是肺癌,也有许多其他疾病。起初,大的香烟公司对此进行激烈的抨击,声称这些发现并不可信。反对吸烟组织进而指出这些香烟公司隐瞒了他们自己发现的关于吸烟与肺癌具有相关性的研究结果。这些香烟公司开始很大程度地从吸烟者自身的否认陈述中获取支持。这些人常常用荒谬的言论让自己名正言顺地继续沉迷于吸烟恶习,诸如"我的叔叔乔一生中每天吸烟60支,结果活到了101岁"。有时同样的乔叔叔会被其他的侄子侄女们引用,作为他们喝过量酒精饮料的借口,因为叔叔就是那样做的。

最终,由于全世界负责任的政府都开始采取措施鼓励人们戒烟,香烟公司才不得不偃旗息鼓。烟草产品的广告在电视与其他媒体中被禁止。除此之外,烟草公司必须在他们的产品包装上添加警示内容,以至于一些具有古怪嗜好的人用大量金钱换取写有"警惕——香烟能够致命"字样的包装盒。在许多公共场所禁止吸烟,例如,剧院和影院。许多早期电影以迷人姿态刻画吸烟场景,以至于人们不得不透过浓厚的烟雾来观看电影本身。餐厅标明了吸烟区和无烟区,而且许多航班即使是长途航行也全程禁烟。2004年,爱尔兰共和国在曾经的"吸烟者天堂"——酒吧内禁止吸烟。2006年和2007年,联合王国(英)的各组成部分也纷纷效仿此举。

所有这些针对吸烟的压力逐渐产生了效果,英国的两性吸烟者比例稳步减少——从 1974 年占全体成年人的 45% 到 2005 年的 25%。图 17.1 显示了英国国家统计局公布的从 1974 年到 2004/2005 年的男性与女性吸烟者比例的变化情况。

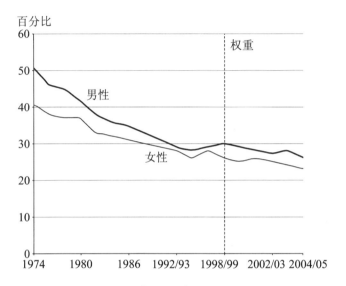

图 17.1　英国吸烟者比例(来源:英国国家统计局)

显然,吸烟者整体比例的减少将会降低与吸烟相关的疾病的发病率。总体而言,吸烟威胁健康的言论已经获胜;那些仍在吸烟的人要么可能是因为太过沉迷无法自拔而甘愿冒险,要么是压根儿不能理解大多数人早已接受的观点。对于他们来说,"乔叔叔"的例子才是唯一能被理解的。

既然乔叔叔确实存在,那我们就来考虑一下:为什么是不计后果的乔叔叔安然脱险,而那些生活严谨、从不吸烟的人却年纪轻轻死于肺癌或其他与吸烟相关的疾病。

17.3 吸烟中的摸彩问题

如果没有与吸烟相关疾病的家族史,也没做过某些遗传筛查,一个人就根本无法了解他或她对烟草或其他致癌物质的敏感度。**一些**潜在的致癌威胁是无法躲避的。背景辐射无处不在,而且在花岗岩存在的地区特别高,比如康沃尔郡(Cornwall)的部分地区,又或者是像阿伯丁郡(Aberdeen)这样在建筑材料中大量使用花岗岩的地方。吸烟仍旧是一项合法活动,当人们面对吸烟者时就会受到二手烟的威胁。在家中尤其如此,如果家庭中有一些,而非全体成员吸烟,那么,父母一方或双方的吸烟行为就将使年幼的儿童陷入险境。即便是具备最好的过滤器,汽车的排气系统也会排放出一些致癌物质,而且偶尔还能看到维护不佳的汽车非法排放出难闻而有剧毒的黑色废气。

鉴于现代社会中致癌威胁令人无处可逃,而且通常无从得知人们对这些威胁的敏感程度,审慎的行为习惯可以避开其他更多的附加危害,比如吸烟。虽说精确地量化这些危险并非易事,但与致癌物相关的疾病的发病率随着敏感程度与接触程度的增加而增加。仅仅作为可能发生的情形的一种说明,图 17.2 刻画了想象中的与致癌物相关的疾病的患病率和接触度以及敏感度之间的相关性。以任何人的敏感度都不会小到对这些疾病免疫为基础,将敏感度按 1—5 的等级给出,同时以存在一个无法避免的最小接触度为基础,将接触度也按 1—5 的等级给出。

从图中可以看出,对于敏感度为 2.0 的人来说,患上与致癌物相关疾病的概率从最小接触度对应的 0.05 到最大接触度对应的约 0.16——风险程度的增加因子为 3。敏感度最大的人的患病率从最小接触度对应的 0.15 到最大接触度对应的约 0.45——增加因子也是 3。乔叔叔可能恰好拥有最高接触度,但如果他拥有最低敏感度,那么他患上与致癌物相关的疾病的可能性将仅有 0.05——大约二十分之一的机会。但是,如果有 20 个像乔叔叔那样的人,具有同样的敏感度和接触度,那么上述机会说明他们中有一个将会患病。哪一位会患病,哪些不会,即便是知道了敏感度和接触度也无法**事先**判断。这便是吸烟中的摸彩问题。

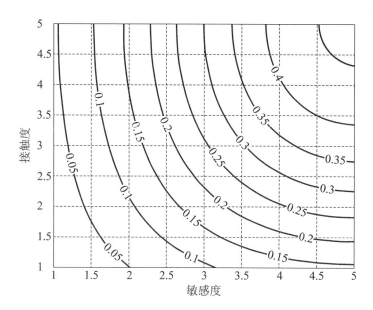

图 17.2　想象中的与致癌物相关的疾病的
患病率作为接触度与敏感度的函数的图像

　　吸烟与疾病的这个题材现在已是耳熟能详,从根本上说,已经无需再为此花费太多的时间了,即便是进一步的研究成果可能实现对其风险程度的更为精确的量化。在伍迪·艾伦(Woody Allen)主演的喜剧电影《沉睡者》中,一个傻乎乎的店主从人体冷冻术中苏醒时已是 200 年以后了,他进入了一个许多信仰与现实都发生了巨变的世界。其中一个场景是他一边在医院接受检查,一边听医生描述吸烟帮助他改善健康状况的过程。吸烟增进健康或许能够加强电影的喜剧效果,但这不会,而且是永远不会成为现实。

问题 17

17.1. 根据图 17.2,求出处于以下状态的人患上与致癌物相关疾病的概率:

(i) 敏感度 1.5,接触度 5.0;

(ii) 敏感度 5.0,接触度 1.5;

(iii) 敏感度 3.0,接触度 3.0。

对于一个敏感度为 3.0,生活中背景辐射接触度为 2.0 的人来说,每天吸烟 20 支可导致接触度增加 2.0。吸烟的决定增加了他患上与致癌物相关疾病的风险,此增加因子为多少?

第18章　机会、运气与决策

他运气好吗？

——拿破仑一世（Napoleon I, 1769—1821）

18.1　机会之风

在爱德华·菲茨杰拉德(Edward Fitzgerald)的著名译作《奥马尔·哈雅姆(Omar Khayyam)的鲁拜集》中有一段诗句说道：

我们是可怜的一套象棋，

昼与夜便是一张棋局，

任"他"走东走西或擒或杀，

走罢后又一一收归匣里。①

诗句总结出许多人对于生命的信念——一系列将你抛掷成这样那样的随机事件，有时好有时坏。在原始社会里，这种无助的想法，加上对自然规律的无知，导致了对超自然现象的迷信。人们认为存在着拥有万能力量的神，他具有许多人类的情感和特征——例如怒气与宽容，并会采取相应的行动。如果火山爆发、生灵涂炭，那就是神发怒的信号，他正杀掉那些在某些方面冒犯了他的人来泄愤。

在多数的早期社会中人们建立的观点是有众多的神分管人类不同方面的事务，诸如战争、爱情、生产、幸福，等等。对于这种全盘神化的信仰有两种主要的反应。第一种是试图改变神的感受，因此反应为祷告、祈求以及进奉种种供品。在更加高级的社会中，建造起了神庙，祭司也应运而生，他们专门充当凡人与万能之神的中间人。他们会安排祈祷词和供品，主持祭祀过程，祭品通常是动物，在某些社会中也会是人类。第二种反应是试图预言神的旨意，以便采取某种补救措施。一个著名例子是希腊神话中特尔斐城(Delphi)的阿波罗神谕，阿波罗在神庙中通过一位女祭司皮提亚(Pythia，希腊神话中的先知)传达旨意，为来者提供指引。关于未来的预言通常有点儿模糊不清(许多宗教经文的特征)，需要进一步的解释。罗马人好像喜欢借助研究鸡的内脏来预言未来。在莎士比亚的作品《尤利乌斯·恺撒》中，一个可以预言未来的占卜者警告恺撒"当心3月15日"，但并未讲述他关于危险的预言源自何处。一些人能够预见未来

① 以上四行诗引自郭沫若译本。——译者

的想法引出了大量用来描述此类人的术语——例如，除占卜者之外，还有**先知**、**幻想家**和**算命者**等名称。对于预言力量的信仰在现代社会中已大大降低，但仍有一些人借助塔罗牌、占星术、茶叶渣、手相或水晶球试图发现等待着他们的未来。

海森伯的不确定性原理（**the Heisenberg Uncertainty Principle**）可称得上为二十世纪最伟大的科学发现之一，至少在哲学意义上是如此。它指出无法精准地确定宇宙或它的任何部分的未来状态。这与十九世纪末存在的确定性观点恰恰相反。当时的观点认为，如果知道任意时刻宇宙中每个粒子的位置与运动，那么宇宙未来的发展将被完全确定。行为的不确定性通过像电子那样质量很小的粒子强有力地显现出来。测不准原理指出，不可能准确了解粒子在哪里以及如何运动，即它的速度。如果你想**精准**地确定它的位置，那么要付出的代价就是根本无法了解它正在如何运动；如果你试图**准确**地测出它的速度，那么你将根本无法了解它在哪里。海森伯不确定性原理事实上量化了位置的不确定性和速度的不确定性之间的关系。理论上，不确定性原理适用于任何质量的物体，但对于我们日常生活中碰到的巨大物体而言，它不具有实际意义。斯诺克选手在设计他的下一个击球时无需为不确定性原理而忧心。

不确定性原理的基础是：在试图确定物体的位置和速度时，你必须通过某种方式干扰它。确定物体的位置时需要它发出或者反射辐射让某个探测器记录下来。如果辐射具有很高的频率，那么就可以获得最精确的位置，但是这样一来辐射就带有巨大的能量，物体在该能量的作用下会按无法预料的方式运动。本质上，该原理说明：如果你要完全确定一个物体的特征，那么你就得影响那个物体并改变它的特征。类似地，与人类有关的事件中，任何企图发现未来的尝试都将影响并改变未来。如果恺撒的妻子凯尔弗妮娅（Calphurnia）坚持己见，恺撒就不会在 3 月 15 日前去元老院了。如果莎士比亚版本的罗马故事被接受，那么恺撒将不会被暗杀，同时人类的历史将被改写。看来支配个人生活和社会命运的事件的变迁是变幻莫测、无法预料的。就像《鲁拜集》中说到的那样，我们任"他"走东走西。通过合理选择，我们能够将经历的伤害降到最低限度，但无法完全掌控自己的生活。

18.2 选择

每天,人们都在做着种种决定。它们大多很琐碎,有时是两选一,比方说,去不去逛商场,有时得从几种不同的方案中选出一种——例如,决定选哪个地方去度假。在第6章中,我们研究了另一种决策,即医生根据病人状况的多种诊断信息确定治疗过程。在那种情况下,我们可以分别用数值给出某些症状出现的概率以及不同药物有效性的概率,进而找出**最有可能**产生有利结果的治疗方案。然而,根据概率计算做出的决定也有可能,甚至或许是肯定,偶尔会发生错误。在此意义上,当发现医生所开处方对病人的实际状况而言并非最佳治疗方案时,去谴责医生或认为他或她失职都是不公平的。

任何决定,不论它看上去多么微不足道,都可能会产生无法预料的、有时甚至是悲惨的结果。开车去超市的途中可能会被一次交通事故而弄糟。有多少次那些被卷入此类事件的人说道:"我要是决定明天做这件事该有多好!"2004年圣诞期间前往泰国普吉岛度假的人们根本无法预料或想象南亚海啸的悲剧会卷走25万余人的生命。有多少罹难者的亲友们曾说道:"要是他们决定去别的地方该有多好!"

从上面可以看出,决策有两种类型的结果,意料之中的和意料之外的。对应于后者可能结果的范围几乎是无限的。前往超市的时候,任何事情都有可能发生:遇见老校友,扭伤脚踝,遭遇交通事故,或者成为商店的第一百万位顾客而赢得大奖。如果你任由自己的想象力天马行空,可以将变幻莫测的可能结果写满几大张纸。与之相反,意料之中的结果理所当然通常是有限的。然而,不论是根据概率估计做出错误决定的医生,还是到海啸发生地去度假的旅游者,都不能被指责为愚蠢。生活就是这样,不可能变成另一种样子。

18.3 我想要一个好运将军

有些人度过了诸事顺遂的美好一生;另一些人却经历了接踵而至的不幸。就统计的观点而言,我们这里看到的是一种分布的极端情况,姑且将它称为**好运**分布。拿破仑曾将面前申请将领空缺位置的申请者个人**简历**推到一旁,说他想要的是一个好运将军。理性地看,这番话毫无意义。轮盘赌博中一段时期的赢利对之后轮盘旋转的结果不会产生任何影响,同样,过去交了好运的人在将来交好运的可能性并不比别人大。然而,在不依赖轮盘这样的机械设备来做决策的场合中,可能会有一些人显得格外幸运,他们做出的有利决定远远多于不利决定。事实上,这样的“幸运”可能恰恰是更高技能的细微表现。据报道,高尔夫球选手阿诺德·帕默(Arnold Palmer)曾经说过:“这是一件有趣的事,实践越多,幸运越多。”因此,一个好运将军可能就是指一位对地形谙熟于心进而能够合理用兵的人。

体育比赛时常产生出人意料的结果,“劣势”的个人或团体一举获胜,有时还遥遥领先。这仅仅是人生多变的一个方面。1985 年,英国足总杯比赛的第四场中,丙级俱乐部约克城队以1 比 0 击败了英国的足球巨人之一甲级球队阿森纳。不仅如此,阿森纳还在当天被淘汰出局。尽管比赛在约克举行,该结果还是令人难以置信。如果约克城与阿森纳进行 100 场足球对决,那么阿森纳可能会赢 99 次,但是当天的比赛成了第 100 场。是否约克城在那天特别幸运?从某种意义上说,是的;仔细推敲起来则有许多有利因素集中出现,而这些因素均不利于它的对手。阿森纳队并无过错——只是那一天他们的竞技状态处于其分布的低端,而对手则处在高端。

从中我们可以学到的是:在所有的世事中都存在着偶然的成分,它会影响达成某一目标的过程或者决策的结果。成熟而有思想的社会成员将认识到这一点,并接受他们人生的起起落落,因为这是事件结果在特定情形下完全无法预料的统计波动的体现。如果降雨量少了,就会导致水库水位大大下降,那么审慎的政府官员就会下令限制水的使用——给受此波及的人造成极大不便。如果禁令实施一个月之后,出现了一段时间的强降雨,迅速补充了水库,那么禁令可能就会显得多此一举。加之带有浓厚政治色彩的判断通常都具有肤浅的本性,该官员于是毫无疑问地将被指责为行事草率。做事后诸葛亮就容易多了,无需在第一时间做出决策的人最为轻松。事实上,一个对旱情坐视不管的政府官员,即便是随之而来的雨水弥补了他的过失,也理应被免职。尽管事实上他的行为对公众造成的不便更少。在**那次**事件中,他可能是一位幸运的官员,但将信任投注在这样一位草率的官员的未来运气上可不够明智。在下一次决策时,他的运气可能会溜走,而灾难会因他的缺乏判断力随之而来。

18.4　战或不战——那是一个问题

世人的本性使世界成为一个危机四伏的地方。出于部族的本能,人类对于暴力似乎有一种潜在的倾向。然而,和原始社会部落间发生的小规模冲突不同,现代社会中的冲突规模范围极广。当两个足球队格拉斯哥凯尔特人与格拉斯哥流浪者相遇,起源于爱尔兰岛的宗教与政治分歧会引发双方支持者之间的对抗。此类比赛中发生的小冲突有时令人不快,有时相当悲惨,但总体而言不会对全人类构成威胁。令人称奇的是,当苏格兰与英格兰在足球场上相遇,格拉斯哥从前势不两立的球迷们就会联合起来对抗英格兰一方。群体的分划不是静态的,而是可以依据一支球队、一个国家、肤色、宗教、学派、大学等不同方式来重组的。一个人可以是多个群体的成员,因此,有可能在一种背景下与某人结盟,而在另一种背景下和同一人成为敌手。

任何国家能够做出的最重大的决策就是参战与否。如果国家遭到袭击,并希望保卫自己,那就不再需要你做任何决策——别人已经迫使你做出了决定。有许多理由可以使战争成为主动行为而非被动应对。一些局部战争由边境争议引起,通常发生在前殖民地国家之间,在那里不再尊重传统的界线,而由殖民力量创设了人为的边界。过去,许多战争植根于帝国主义扩充领地的愿望。建立像英国和法国这样的殖民帝国是许多战争的驱动力。构建这样的帝国现在已经过时,成了过往云烟。宣战的另一个理由可能是道义问题。1939 年 9 月 3 日,英法对德宣战,因为德国侵犯了波兰,而英法对保卫波兰的领土完整负有条约义务。可能还存在其他的背景原因,但就算是有,也不会作为在当时被提出的理由。1982 年的马尔维纳斯群岛武装冲突也被宣称为道义之战,因为英国收复该岛的代价远远超出可以换得的经济利益,且劳师远征又危险重重。最后,还有些战争的根本起因是为了攫取经济利益;世界的动荡地区加上那些地区蕴藏的石油资源,即动荡与石油两者相结合,使它们被证实为高易燃的"混合物"(火药桶)。

21 世纪初最为重大的战争当数入侵伊拉克并推翻萨达姆·侯赛因

(Saddam Hussein)。这场战争有许多弦外之音。入侵伊拉克是否合法？根据情报来源，是否有充分的理由相信伊拉克拥有或者正在研制生化武器？在伊拉克的危险性上公众是否被**故意**误导？当然，我们**现在**知道伊拉克并无生化武器储备，但当时普遍信以为真，即使是在俄罗斯、法国和德国这些反战国家里，甚至联合国自身也相信它。这种相信有充足的理由。伊拉克曾经拥有化学武器并在 1980 年至 1988 年爆发的两伊战争中用来对付自己的国民和伊朗士兵。在这次战争中，美国将伊朗革命政府看作了自身石油供给的威胁，于是伊拉克人从美方得到了强大的支援。对伊拉克人来说，这更是一场由波斯人和阿拉伯人的传统对抗激起的领土之争。伊拉克没有向联合国完全交代它的化学武器的储备，这一点在 1991 年被发现，尽管它们已经在某个时候被伊拉克人自己摧毁。以汉斯·布利克斯（Hans Blix）为首的联合国武器核查小组时常抱怨来自伊拉克当局的阻挠，这样一来势必会引发疑虑：既然没有掩藏什么，何必加以阻挠？考虑到萨达姆·侯赛因的性格，他的暴力行为史，以及他狡诈的声誉，伊拉克在 2003 年**是**没有化学武器好像令人难以置信——而它确实没有。我们现在清楚了——但在 2003 年时还不那么肯定，而且有充足的理由另作他想。

联合国对伊拉克的立场主要受控于两大集团，一是以美英为首的，主张立即采取强有力的行动；二是法、俄、德，敦促给予联合国核查小组更多的时间搜寻武器。普遍的观点认为，美国的立场主要关心石油供给问题，此外，在 1990 年伊拉克入侵科威特后，美国对其严重缺乏信任。另一方面，法国和俄罗斯是与伊拉克有着最深经贸联系的国家，伊拉克背有这两国的巨额债务。在这决定性的时刻，主要参与者中只有德国可以被视为道义的使者，不带有任何能被察觉的不可告人的动机。联合国通过的 1441 号决议在第 13 条总结道"……安理会曾一再警告伊拉克如继续违反其义务将面临严重后果"。美英无疑认为全体集结将面临无尽的推诿，而真实展现严重后果的时刻已经到来，于是就在伊拉克边境集结了兵力。

其余的就是众所周知的历史了。伊拉克被成功入侵，但联合部队入侵后的景象却惨不忍睹，大量涌入的国外恐怖分子武装抵抗联合部队，造成局势一片混乱。但更为重要的是,由伊斯兰教敌对分支引发的不同伊拉克组织之间的冲突导致了大批人丧生。在一次成功的普选之后,新政府成立了,但伊拉克的长远未来仍旧凶吉难卜。

无论是在美国还是英国,公众舆论的风潮先是支持伊拉克战争——这一点在美国更盛于英国——之后又决然转向相反的方向,强烈谴责总统与首相。毫无疑问,战争的结果与预期不同——但是,正如之前所述,后知之明是政策的绝佳向导。抛开所有领袖的诚实问题以及情报来源的质量问题,我们现在尝试建立一个理论框架来评估美英选择的路径是否具有合理性。

18.5　战争中的数学

对许多人而言,伊拉克战争的对与错仅仅是行动合法性的问题,比如没有得到联合国的特许,再比如入侵伊拉克的所谓正当理由后来被证实是毫无根据的。他们会指出:即便战争仅仅产生有利的结果,它也创了一个危险的范例,即超级大国现在可以凌驾于维护国际秩序的主要机构——联合国之上自行其是。许多联合国的成员国认为:如果要采取行动,那么,在可能的情况下,应该征得整个国际社会认同后再行动。这种观点不无道理。然而,反驳者认为:根据实施入侵当时所了解到的情况来看,国际社会如若毫无作为可能会导致灾难性的结果,而国际社会意见分歧过大又致使行动计划难以确定。这里我们需要暂且将所有这些法律与道德问题抛到一旁——虽然它们是重要的。我们将对结果进行假设,关注出现有利结果与不利结果的概率,并据此考虑应否入侵的问题。这是一种用来说明决策规律的纯理论的分析,就像我们在第 6 章讨论医疗问题时一样。我们无意为入侵或者不入侵伊拉克作辩护。

此分析的决策树如图 18.1 所示,其中 WMD 是联合国在伊拉克境内要搜寻的大规模杀伤性武器(*weapons of mass destruction*)的代名词。

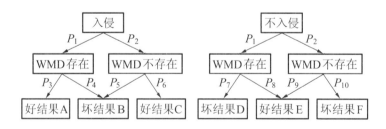

图 18.1　是否入侵伊拉克的决策树

在开始使用该图之前,需要说明几点:首先,从一点出发分出的两种可能结果是相互对立的,因此概率之和必为 1。从而

$$P_1 + P_2 = 1; P_3 + P_4 = 1; P_5 + P_6 = 1; P_7 + P_8 = 1; P_9 + P_{10} = 1.$$

概率的真实值有待判断,而且不同的人对概率的不同赋值将产生不同的结论。最后,结果的好与坏也依赖于对当事人——伊拉克民众、国外

恐怖分子以及伊拉克政府——反应的不同估计。这里我们假设一些可能性与结果;读者应该用自己的眼光来审视决策树。正如之前所提到的,有无穷多种无法预知的结果。

根据联合国以及各国的普遍预期,$P_1 = 0.8(P_2 = 0.2)$。

好结果 A　WMD 被摧毁,暴力政府被推翻,民主政府建立起来。伊拉克成为和平世界。

坏结果 B　联合部队遭到地方抵抗,派系斗争随之而起,国外恐怖分子趁乱搅局。

好结果 C　除了没有 WMD 需要被摧毁之外,其他同 A。

坏结果 D　由于联合国未采取行动,伊拉克政权更加胆大,利用 WMD 和中程导弹威吓周边国家。重新启动核武器研究,并利用火箭运载对以色列施行生化袭击威胁,阻止西方势力的介入。可能的威胁有:多国卷入中东战争,石油供给中断引发世界经济混乱。事态可能不会在几年内好转,而且将难以应对。

好结果 E　伊拉克政权并没有试图开始或扩大 WMD 制造,并与邻国和平共处。同时停止迫害伊拉克的反政府组织。

坏结果 F　除了不拥有 WMD,伊拉克继续威吓邻国,坚信联合国不会出面干预。

接下来我们考虑上述结果的理论概率。

中东社会动荡不安,政治、宗教或其他差异时常导致武力冲突,有鉴于此,在考虑结果 A、B、C 时,对坏结果的预期要比好结果高。然而,整体来说伊拉克人是有智慧的、受过良好教育的,是古老文明的传承者;因此,对于好结果的预期可能高于人们对该地区的普遍看法。从而给出判断 $P_3 = 0.4(P_4 = 0.6)$ 和 $P_5 = 0.6(P_6 = 0.4)$。

考虑到 WMD 存在的假设和伊拉克之前与邻国发生的战争,坏结果 D 或某些类似结果看起来比另一结果 E 更有可能发生。我们取 $P_7 = 0.7$ $(P_8 = 0.3)$。如果没有 WMD,伊拉克实施侵略的可能性就比较小,因此我们取 $P_9 = 0.5(P_{10} = 0.5)$。

我们现在能够估计出决定入侵或决定不入侵所对应的好结果或者坏

结果出现的总的概率。

入侵

好结果的概率是

$$P_1 P_3 + P_2 P_6 = 0.8 \times 0.4 + 0.2 \times 0.4 = 0.4;$$

坏结果的概率是

$$P_1 P_4 + P_2 P_5 = 0.8 \times 0.6 + 0.2 \times 0.6 = 0.6.$$

这两者的概率之和为1。由于好结果与坏结果互为对立事件,它们的和必然为1。

不入侵

好结果的概率是

$$P_1 P_8 + P_2 P_9 = 0.8 \times 0.3 + 0.2 \times 0.5 = 0.34;$$

坏结果的概率是

$$P_1 P_7 + P_2 P_{10} = 0.8 \times 0.7 + 0.2 \times 0.5 = 0.66.$$

几乎所有的读者都会对这一分析的某些方面提出异议,甚至全盘否定这种考虑问题的方式。但不应遭到驳斥的是:很可能两种选择——入侵或不入侵——都更有可能产生坏结果而非好结果。现实生活中的选择并非总是介于好坏之间,它们通常处在糟与更糟之间。在这种情形下,无论如何取舍,都会遭到批评——评论家总是只看到坏的结果,而不去想想另一种选择可能带来更糟糕的结局。

上述分析中没有考虑到的是坏结果的相对性。坏结果 D 可以是毁灭性的,即使它发生的概率很小,消除这种可能性也可被当作头等大事。闭着双眼穿过宁静的乡村小路可能是件相当安全的事,可那样做并不明智,因为潜在的小概率意外事件的后果实在太严重了。

有许多可以被设想到的可能情景,但是我们知道的结果却只有一种,那就是实际发生了的——而且结果着实很不幸。有一种倾向是在事情出错时寻找替罪羊。很多时候不得不在信息不足的情况下做出决策——而这些信息,那些具有后知之明的批评家们最后将会掌握。人们不得不依据感觉上的此事或彼事发生的概率来进行这些决策,正如依据马匹以往表现的概率来赌马一样。被支持的马匹并不总是会赢,符合逻辑的决策其结果并不总是正确的。这是一位受过教育的公民应该明了的。

问题 18

18.1.　请考虑一下：在不具备 WMD 的前提下，又有了先前科威特解放之战的经历，伊拉克将会走和平道路，于是图 18.1 中的概率 P_{10} 将为 0。如果放弃入侵，出现的好结果将是怎样的？这是否会导致关于是否入侵的不同决策？

问题解答

问题 1

1.1 画线部分的词语表示缺乏确定性。

整个这段时间内低气压<u>预期</u>会影响英国北部和西部地区。整个南部地区在第一个周末<u>有时</u><u>可能</u>会有阵雨,英格兰东部大部分地区,<u>可能</u>还有苏格兰东部<u>将</u>是晴朗的天气。英国中部和西部的大部分地区天气多变,<u>时而</u>阵雨冰雹,时而持续下雨,<u>有时</u>还伴有强风。然而,在来自南方的强大气流控制下,天气<u>预计</u>将变得更加炎热,东部地区将持续晴热天气。

1.2 由于所有的数字出现的可能性都是相等的,所以其概率是 $\frac{1}{12}$。

1.3

可能性最大　　　　　　　　　　　　　　　　　　可能性最小

1.4 因该流行病而死亡的病人所占的比例是 $\frac{123}{4205} = 0.029$,这就是一个给定的病人因该流行病而死亡的概率。

问题 2

2.1 存在 5 个面的数字小于 6,而且获得各个面的事件是互不相容的,因此获得的数字小于 6 的概率是

$$P_{1至5} = \frac{1}{12} + \frac{1}{12} + \frac{1}{12} + \frac{1}{12} + \frac{1}{12} = \frac{5}{12}.$$

2.2 抽到一张特定的 A 的概率是 $\frac{1}{52}$。一共有 4 张 A,抽到每张 A 的事件是互不相容的,因此抽到一张 A 的概率是

$$P_A = \frac{1}{52} + \frac{1}{52} + \frac{1}{52} + \frac{1}{52} = \frac{1}{13}.$$

2.3 十二面体和骰子出现数字 5 的概率分别是 $\frac{1}{12}$ 和 $\frac{1}{6}$。因为它们获得 5 是两个相互独立的事件,所以同时获得数字 5 的概率是

$$P_{5+5} = \frac{1}{12} \times \frac{1}{6} = \frac{1}{72}.$$

2.4 根据 2.2 给出的理由,抽得一张 J 的概率是 $\frac{1}{13}$。对于每个硬币,正面朝上的概率都是 1/2。因为所有事件都是相互独立的,所以整个概率是

$$P_{j+4正} = \frac{1}{13} \times \frac{1}{2} \times \frac{1}{2} \times \frac{1}{2} \times \frac{1}{2} = \frac{1}{208}.$$

小于 2.3 所得的结果。

2.5 依据 2.3,获得一个特定的数字组合的概率是 $\frac{1}{72}$。和数为 6 的组合有:$1+5, 2+4, 3+3, 4+2$ 与 $5+1$。这些组合都是互不相容的,所以顶面数字之和为 6 的概率是

$$P_{和为6} = 5 \times \frac{1}{72} = \frac{5}{72}.$$

2.6 一个定殊基因 f 或 F 的概率分别是

$$P_f = \frac{1}{41}, P_F = \frac{40}{41}.$$

注意到两者的概率和为1(基因必须是这个或那个,两者出现的可能性互不相容),给定比例为1:40。

(i) 个体得病,其具有的基因对中的两个基因肯定都是 f。因此得病的概率是

$$P_{ff} = \frac{1}{41} \times \frac{1}{41} = \frac{1}{1681}.$$

(ii) 个体为携带者,其具有的基因对肯定是 (f, F) 或 (F, f),而且这两种组合是互不相容的。因此为携带者的概率是

$$P_{携带者} = \frac{1}{41} \times \frac{40}{41} + \frac{40}{41} \times \frac{1}{41} = \frac{80}{1681} = 0.0476.$$

问题 3

3.1 对于这三场赛马,计算可得式(3.3)左端和式的数值分别为

下午2:30   和 $= \frac{1}{2} + \frac{1}{5} + \frac{1}{7} + \frac{1}{9} + \frac{1}{13} + \frac{1}{19} = 1.0835$,

下午3:15   和 $= \frac{1}{3} + \frac{1}{4} + \frac{1}{4} + \frac{1}{5} + \frac{1}{7} + \frac{1}{9} = 1.2873$,

下午3:45   和 $= \frac{1}{3} + \frac{1}{4} + \frac{1}{5} + \frac{1}{9} + \frac{1}{13} = 0.9714$。

第3场赛马不满足金科玉律。第2场赛马的和式数值最大,因此按照赌马经纪人的观点,这场最为有利(也即对下赌注的人赢出最为不利)。

问题 4

4.1 不同顺序总数为 $5! = 5 \times 4 \times 3 \times 2 \times 1 = 120$。

4.2 组合方式的总数为 $C_{10}^4 = \frac{10!}{6! \, 4!} = 210$。

4.3 考虑顺序,摸出 3 个球的方式的总数为 $6 \times 5 \times 4 = 120$,其中有 1 个方式恰好是按红色、绿色和蓝色的顺序,所以其可能性为 $\frac{1}{120}$。而若不

考虑顺序,摸出 3 个球的方式的总数为

$$C_6^3 = \frac{6!}{3! \ 3!} = 20.$$

其中有 1 种是红色 + 绿色 + 蓝色,不考虑顺序。因此它的可能性为 $\frac{1}{20} = 0.05$。

4.4 从 20 个数字中选择 4 个号码的方式的总数为 $C_{20}^4 = \frac{20 \times 19 \times 18 \times 17}{4 \times 3 \times 2 \times 1} = 4845$。仅一种会获得头等奖,所以它的可能性为 $\frac{1}{4845}$。由 4 个号码中得到 3 个中奖号码的不同选择的总数为 $C_4^3 = 4$,所以 3 个中奖号码加上额外奖球,即得二等奖的不同方式的总数为 4,因而获得二等奖的可能性为 $\frac{4}{4845}$。

3 个中奖号码加上 15 个既不是某中奖号码也不是额外奖球号码中的某一个,即可得三等奖,其总数为 $4 \times 15 = 60$,因而获得三等奖的可能性为 $\frac{60}{4845} = \frac{4}{323}$。

问题 5

5.1 (ⅰ) 他们生日的情况总数是 100×100,他们有不同生日的情况总数是 100×99,因此他们有不同生日的概率是 $\frac{100 \times 99}{100 \times 100} = 0.99$。

(ⅱ) 他们生日的情况总数是 $100 \times 100 \times 100 \times 100$,他们有不同生日的情况总数是 $100 \times 99 \times 98 \times 97$,所以他们有不同生日的概率是 $\frac{100 \times 99 \times 98 \times 97}{100 \times 100 \times 100 \times 100} = 0.9411$。

(ⅲ) 我们计算下列乘积直到该乘积值小于 0.5。

$$\frac{100}{100} \times \frac{99}{100} \times \frac{98}{100} \times \frac{97}{100} \times \cdots$$

此时,两个艾瑞特人有相同生日的可能性大于 0.5。与表 5.1 相类似的表格如下所示：

n	概率	n	概率值	n	概率值
2	0.9900	3	0.9702	4	0.9411
5	0.9035	6	0.8583	7	0.8086
8	0.7503	9	0.6903	10	0.6282
11	0.5653	12	0.5032	13	0.4428

因此，保证一个房间里两个艾瑞特人有相同生日的概率大于50%的人数是13。

5.2 与表5.2 相类似的表格如下所示：

结果	概率	第一种游戏的收益（损失）	皇冠和锚游戏的收益（损失）
00	$\frac{5}{6} \times \frac{5}{6} = \frac{25}{36}$	（−25）	（−25）
06	$\frac{5}{6} \times \frac{1}{6} = \frac{5}{36}$	5	5
60	$\frac{1}{6} \times \frac{5}{6} = \frac{5}{36}$	5	5
66	$\frac{1}{6} \times \frac{1}{6} = \frac{1}{36}$	1	2
	净损失	14	13

问题 6

6.1 考虑200名有该症状的病人，其中有130人得疾病 A，70人得疾病 B。通过药物 a 和药物 b 能够治愈的人数为：

药物 a　$130 \times 0.6 + 70 \times 0.4 = 106$

药物 b　$130 \times 0.3 + 70 \times 0.9 = 102$

因此，医生应该选择药物 a。

6.2 表O 和表E 分别是

	买	没买	
旧包装	8	92	表 O
新包装	20	80	

	买	没买	
旧包装	14	86	表 E
新包装	14	86	

因此，$\chi^2 = \dfrac{36}{14} + \dfrac{36}{86} + \dfrac{36}{14} + \dfrac{36}{86} = 5.98$.

从表 6.1 种可以看出，得到该 χ^2 值或者更大 χ^2 值的概率是在 0.01 和 0.02 之间。这比决策要求的 0.05 小得多。因此，新包装是有效的。

问题 7

7.1 从顶部到杯子每条路线的概率均是 $\dfrac{1}{9}\left(\dfrac{1}{3} \times \dfrac{1}{3}\right)$。到 A 杯（或 E 杯）只有一条路，所以概率是 $\dfrac{1}{9}$。到 B 杯（或 D 杯）有两条路，所以概率是 $\dfrac{2}{9}$。到 C 杯有三条路，所以概率是 $\dfrac{1}{3}$。在 9 次游戏中，投币 90 便士，游戏者从到达 B 杯和 D 杯的球上得到 40 便士，从到达 A 杯和 E 杯的球上得到 40 便士，一共得到 80 便士。

7.2 不同方式得到 20 点的概率是

$$10 + 10 \quad \text{概率} \quad \dfrac{16}{52} \times \dfrac{15}{51} = \dfrac{240}{2652} = 0.090\ 50,$$

$$11 + 9 \quad \text{概率} \quad \dfrac{4}{52} \times \dfrac{4}{51} = \dfrac{16}{2652} = 0.006\ 03,$$

$$9 + 11 \quad \text{概率} \quad \dfrac{4}{52} \times \dfrac{4}{51} = \dfrac{16}{2652} = 0.006\ 03.$$

总概率是 0.10256。

7.3 （i）设定一个"点"4 随后投出 7 输掉的概率是

$P_{4,7} =$ 得到 4 的概率 × 得到 4 前掷到 7 的概率 = 得到 4 的概率 ×

（1 − 得到 7 前掷到 4 的概率）

$$= \frac{1}{12} \times \left(1 - \frac{1}{3}\right) = \frac{1}{18}.$$

（ii）沿用（i）中的符号，我们要求出

$$P_{4,7} + P_{5,7} + P_{6,7} + P_{8,7} + P_{9,7} + P_{10,7},$$

$P_{5,7} =$ 得到 5 的概率 × 得到 5 前掷到 7 的概率

= 得到 5 的概率 ×（1 − 得到 7 前掷到 5 的概率）

$$= \frac{1}{9} \times \left(1 - \frac{2}{5}\right) = \frac{1}{15},$$

$P_{6,7} =$ 得到 6 的概率 × 得到 6 前掷到 7 的概率

= 得到 6 的概率 ×（1 − 得到 7 前掷到 6 的概率）

$$= \frac{5}{36} \times \left(1 - \frac{5}{11}\right) = \frac{5}{66},$$

还有

$$P_{10,7} = P_{4,7}, P_{9,7} = P_{5,7}, P_{8,7} = P_{6,7}.$$

因此

$$P_{4,7} + P_{5,7} + P_{6,7} + P_{8,7} + P_{9,7} + P_{10,7}$$

$$= \frac{1}{18} + \frac{1}{15} + \frac{5}{66} + \frac{5}{66} + \frac{1}{15} + \frac{1}{18}$$

$$= 0.3960.$$

问题 8

8.1 每面的期望出现次数是 100，所以

$$\chi^2 = \frac{144}{100} + \frac{169}{100} + \frac{361}{100} + \frac{81}{100} + \frac{1}{100} + \frac{256}{100} = 10.12.$$

有 5 个自由度，对应表 8.9，得到这个或更大的 χ^2 值的概率在 0.05 和 0.1 之间，它比 10% 的标准要小，所以我们认为骰子可能不均匀。

8.2 得到 1 + 6 或 6 + 1 的概率是 $2 \times \frac{1}{4} \times \frac{1}{12} = \frac{1}{24}$，

得到 2 + 5 或 5 + 2 的概率是 $2 \times \frac{1}{6} \times \frac{1}{6} = \frac{1}{18}$，

得到 3 + 4 或 4 + 3 的概率是 $2 \times \dfrac{1}{6} \times \dfrac{1}{6} = \dfrac{1}{18}$ ，

得到 5 + 6 或 6 + 5 的概率是 $2 \times \dfrac{1}{6} \times \dfrac{1}{12} = \dfrac{1}{36}$ 。

所以得到"a natural"的概率是 $P_{natural} = \dfrac{1}{24} + \dfrac{1}{18} + \dfrac{1}{18} + \dfrac{1}{36} = 0.1806$（用均匀骰子是 0.2222）。

8.3 观察表和期望表是

观察	0	非 0
	20	350

期望	0	非 0
	10	360

所以 $\chi^2 = \dfrac{100}{10} + \dfrac{100}{360} = 10.28$ ，自由度 1 时得到这个或者更大的 χ^2 值的概率接近 0.001。因此，我们可以认为该轮盘极有可能存在偏差。

问题 9

9.1 表示女装尺寸分布的直方图如下。如果只进 8 到 18 号码之间的女装，那么卖出的女装数要乘以 0.83，而每件女装的利润乘以 1.2。那么总利润乘以 $0.83 \times 1.2 = 0.996$ ，所以总利润减少了。

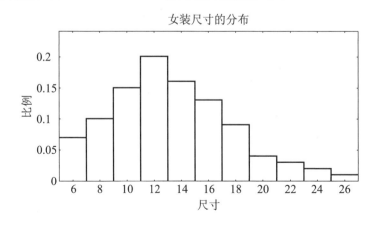

女装尺寸的分布

问题 10

10.1 均值是 $\dfrac{2+4+6+7+8+10+12}{7}=\dfrac{49}{7}=7$

$$V=\frac{(2-7)^2+(4-7)^2+(6-7)^2+(7-7)^2+(8-7)^2+(10-7)^2+(12-7)^2}{7}$$

$$=10$$

$$\sigma=\sqrt{10}=3.162.$$

10.2 （i）3^{11}，（ii）3^{12}，（iii）$3^{1.3}$。

10.3 销量 47 000 比均值低 2.5σ，从表 10.1 可以知道，正态曲线下方从均值到 2.5σ 间的面积是 0.493 79，所以超过 2.5σ 的面积是 0.006 21。因此一年中销量低于 47 000 的天数是 $0.006\ 21\times365$，最接近的整数是 2。

销量 55 000 比均值高 1.5σ，从均值到 1.5σ 的面积根据表 10.1 是 0.4332，所以超出 1.5σ 的面积是 0.0668。因此一年中销量高于 55 000 的天数是 0.0668×365，最接近的整数是 24。

问题 11

11.1

数	2	4	6	7	8	10	12	均值 $=7$
平方	4	16	36	49	64	100	144	平方的均值 $=59$

方差 = 平方的均值 – 均值的平方 $=59-7^2=10.$

11.2 我们首先通过 $V+\overline{h}^2$ 求出每个学校男生身高平方的平均值。

学校 1 $\overline{h^2}=0.091^2+1.352^2=1.8362,$

学校 2 $\overline{h^2}=0.086^2+1.267^2=1.6127,$

学校 3 $\overline{h^2}=0.089^2+1.411^2=1.9988,$

学校 4 $\overline{h^2}=0.090^2+1.372^2=1.8905.$

所有学生身高平方的平均值是

$$\overline{h^2_{all}}=\frac{(62\times1.8362)+(47\times1.6127)+(54\times1.9988)+(50\times1.8905)}{62+47+54+50}$$

$$=1.8409.$$

所有学生身高的平均值是

$$\overline{h_{all}} = \frac{(62 \times 1.352) + (47 \times 1.267) + (54 \times 1.411) + (50 \times 1.372)}{62 + 47 + 54 + 50}$$

$$= 1.353 \text{ m}.$$

所有学生身高的方差是

$$V = \overline{h_{all}^2} - \overline{h_{all}}^2 = 1.8409 - 1.353^2 = 0.010\ 29 \text{ m}^2.$$

因此，标准差是 $\sigma_{all} = \sqrt{V_{all}} = 0.1014$ m。

问题 12

12.1 此泊松分布的均值 $a = 1$，

（i）$\dfrac{e^{-1} \times 1^0}{0!} = 0.3679$， （ii）$\dfrac{e^{-1} \times 1^1}{1!} = 0.3679$，

（iii）$\dfrac{e^{-1} \times 1^3}{3!} = 0.0613$， （iv）$\dfrac{e^{-1} \times 1^5}{5!} = 0.0031$.

12.2 巨型小行星在 1 000 000 年内坠落数量的平均值是 0.1。没有巨型小行星坠落的概率为 $\dfrac{e^{-0.1} \times 0.1^0}{0!} = 0.9048$。因而至少坠落一颗的概率为 $1.0 - 0.9048 = 0.0952$。

12.3 报废 15 个灯泡的天数为 $365 \times \dfrac{e^{-10} \times 10^{15}}{15!} = 12.7$，或取最近的整数，为 13 天。

问题 13

13.1 民意调查中 A 党派的支持率为 0.52。因而，A 党派最有可能得到的支持率是 0.52，以

$$\sigma = \sqrt{\frac{0.52 \times 0.48}{3000}} = 0.009\ 12$$

为标准差。支持率到 50% 水平的距离为 $\dfrac{0.52 - 0.50}{0.009\ 12} \sigma = 2.19\sigma$。正态曲线下方距离均值 2.19σ 以外的面积可在表 10.1 中取 2.1σ 到 2.2σ 之间 $\dfrac{9}{10}$ 处

的值得到。此面积为 0.486。由于 B 党派实际获胜的位置须在均值 2.19σ 外，因此概率为 $0.5 - 0.486 = 0.014$。从而，A 党派将获得 50% 以上赞成票的概率是 $1.0 - 0.014 = 0.986$。

13.2 由样本得雄蛇的比例为 0.46。此估计的标准差为 $\sigma = \sqrt{\dfrac{0.46 \times 0.54}{200}} = 0.0352$。样本比例到 50% 水平的距离为 $\dfrac{0.5 - 0.46}{0.0352}\sigma = 1.14\sigma$。要使 50% 以上的蛇为雄性，样本平均数必须在均值 1.14σ 以外。根据表 10.1，取 1.1σ 与 1.2σ 之间的插值，得出所求的概率为 $0.5 - 0.372 = 0.128$。

问题 14

14.1 （i）将所有给定高度相加并除以 20 可以求出平均身高。平均身高 $\bar{h} = 1.9615$ m。

（ii）为了求方差，我们首先需要求出男性身高平方的均值，就是将他们身高的平方相加再除以 20，得 $\overline{h^2} = 3.856\,94$ m^2。因而身高的方差为

$$V_h = \overline{h^2} - \bar{h}^2 = 3.856\,94 - 1.9615^2 \ \mathrm{m^2} = 0.009\,457\,7 \ \mathrm{m^2},$$

推出 $\sigma_h = \sqrt{V_h} = 0.097$ m。

（iii）使用贝塞尔修正系数求得总体标准差的估计为

$$\langle \sigma_p \rangle = \sqrt{\frac{20}{19}} \times 0.097 = 0.0995 \ \mathrm{m}.$$

（iv）由（14.4），对样本均值标准差的估计为

$$\langle \sigma_{\overline{a_p}} \rangle = \sqrt{\frac{V_h}{19}} = \sqrt{\frac{0.009\,457\,7}{19}} = 0.022 \ \mathrm{m}.$$

（v）2.0 米与样本均值相距

$$\frac{2.0 - 1.9615}{0.022}\langle \sigma_{\overline{a_p}} \rangle = 1.75\langle \sigma_{\overline{a_p}} \rangle.$$

由表 10.1 可得与样本均值距离在此以外的概率为

$$0.5 - 0.459 = 0.041.$$

14.2 贴标签的样本比例为 $\frac{20}{100}=0.2$。假设对于所有的鱼来说情况都是如此,由于共有 100 条鱼被贴了标签,可得池塘中鱼的总量为 500。

问题 15

15.1 我们采用零假设,即喂养方式之间没有差异。两个样本的平均质量相差 0.5 克。差异的方差 $V_{diff}=\frac{2.1^2+2.3^2}{100+100-2}=0.048\,99$ 克^2,由此可得标准差 0.22 克。实际差异为 $\frac{0.5}{0.22}=2.27$。由表 10.1,在两个方向上与均值距离大于等于它的概率为

$$2\times(0.5-0.4882)=0.0236.$$

问题 16

16.1 根据统计图估计的数值无法做到十分精确,但下述估计是合理的。

(i) 1964 年的死亡人数 = 7700;

2005 年的死亡人数 = 3200。

比值 = 0.42。

(ii)

	1964	1982	2005
行人	3000	1800	850
全体	7700	5950	3200
比例	0.39	0.30	0.30

问题所示时期内道路上的汽车数量大幅增加,这使得交通事故死亡人数的减少更加引人注目。1961 年开始对 10 年车龄的汽车进行机械可操作性检试(Mechanical Operability Test, 简称 MOT),但到 1967 年,这一检验的车龄缩短到了 3 年。能够同时保护司机与乘客的强制安全带以及安全气袋的使用让汽车变得更加安全。前轮驱动、动力转向以及改良的悬架实现了更佳的车辆控制,同时为车内的人和行人带来了额外的安全。

先进的制动系统(abs)也为安全作出了巨大贡献,即使在结冰路段也能短距离刹车而不会发生侧滑。

问题 17

17.1 （i）0.095，（ii）0.22，（iii）0.24。

接触度在不吸烟时为 2.0,吸烟时为 4.0。患病概率从 0.175 增加到 0.28,从而,增加因子为 $\frac{2.8}{1.75} = 1.6$。

问题 18

18.1 由 $p_{10} = 0$,得 $p_9 = 1$,放弃入侵导致坏结果的概率降低到 $0.8 \times 0.7 + 0.2 \times 0 = 0.56$。比入侵导致坏结果的概率要低了。